IT Leaders 選書

CIOのための「IT未来予測」

IoTによって
ビジネスを変える

大和敏彦 著

インプレス

商標
本書に登場する会社名、製品名、サービス名は、各社の登録商標または商標です。
本文中では、©、®、™マークは表記しておりません。

本書の利用について
本書の内容に基づく実施・運用において発生したいかなる損害も、著者および株式会社インプレスは、一切の責任を負いません。
本書の内容は、2016年2月現在のものです。本書で紹介した製品。サービスなどの名称や内容は変更される可能性があります。あらかじめご注意ください。
Webサイトの画面、URLなどは、予告なく変更される場合があります。あらかじめご了承ください。

目次

第 1 章
IoT がビジネスの変革を求める 1

第 2 章
「Industrial Internet」と「Industry 4.0」にみる製造業への IT インパクト . 9

第 3 章
GE の「Industrial Internet」にみる、ものづくりと ICT の融合 17

第 4 章
構成要素が絡む IoT、オープンイノベーションで加速を 23

第 5 章
IoT を成功に導く 4 つのモデル 30

第 6 章
IoT が求めるクラウドの進化とフォグコンピューティング 37

第 7 章
IoT が求めるフォグコンピューティングの実際 45

第 8 章
IoT でさらに広がるサイバーセキュリティの脅威 52

第 9 章
IoT が可能にするビッグデータによるビジネス創生 59

第 10 章
成功する IoT のための実践計画 66

第1章
IoTがビジネスの変革を求める

　注目度が急速に高まっている要素テクノロジーが、IoT（Internet of Things: モノのインターネット）である。IoTにおいても、他の要素テクノロジー同様に、どう使いこなし、ビジネスにつなげていくかが重要だ。IoTを取り巻く最新動向に触れてみたい。

　IoT（Internet of Things:モノのインターネット）のテクノロジーと、そのビジネス応用を考える上で参考になる事例に、蘭フィリップスの「Lighting as a Service（LaaS）」ビジネスがある。米ワシントンDCの交通局が募集した25カ所の駐車場における照明の入れ替え案件に対する提案だ。フィリップスがLED照明と、そのインテリジェントコントロールおよび保守をサービスとして提供する。

　ワシントンDCは、照明機器を売るのではなく「光をサービスとして提供する」とした、この提案を受け入れた。2014年3月からの10年契約で、フィリップスは25の駐車場に1万3000以上ある照明器具をLEDに交換し、それらをアダプティブにコントロールしている。省エネ効果としても、68％の電力削減が予定されている。

　LaaSの事例には、IoTと、ビッグデータ応用、サービス化のすべての要素が含まれている。照明およびセンサーがIoTとして安全でセキュアに接続され、その接続を通してリモートから照明器具自身の状況、日照時間や駐車場の明るさ、駐車場使用の有無、LEDの稼働時間、温度といった環境条件を収集。それらがビッグデータとして蓄積され、時々の条件に応じて照明のオン／オフ

および明るさをダイナミックに制御する。

さらに蓄積した稼働時間や環境条件の情報から機器の寿命を予測し、予防保守や素早いリペア（修理）に利用する。駐車場使用の有無や環境条件といったデータは、LaaS 以外の応用にもつながっていく。

より安く寿命が長い LED 等の製品の商品化は、製品販売という面では、売り上げの減少に繋がるが、サービスとしては利益率向上に役立つ。モニタリングとコントロールの方法の改善や自動化も、運用コストの低減という形で利益の向上に繋がる。また良い製品、良いコントロールによって省エネが実現できるというメリットも実現できる。

1.1 使う側と提供する側とにメリットがあれば好循環が生まれる

IoT とビッグデータを利用したサービスモデルは、使う側と提供する側のそれぞれに、以下のメリットを提供する。

使う側のメリット
- オペレーションに関する人材・スキルを必要としなくなる
- 経費として予算が立てやすくなる
- コスト削減が実現できる

提供する側のメリット
- 一時的な売上金額は低くなるものの、長期間の安定した収入源を確保できる
- 顧客との関係強化につながる
- より良い製品開発や、モニタリングとコントロールの方法の改善につながる

使う側と提供する側にメリットがあることで、IoT やビッグデータ（およびその解析）のテクノロジーがビジネスモデルの中で利用される。そのビジネス

自身が新たな価値を生み出すことによって、テクノロジーの適用範囲がさらに広がるという好循環が生み出されるわけだ。

　こうした好循環は、クラウドでも同様のことが言える。クラウドサービスの提供者は、安全でセキュアで、かつ安価なサービスを目標に、クラウドを構築するための設備や、機器、人材、運用体制に工夫を凝らしている。一方の使う側は、必要なサービスを必要な時に使用することによって、人材やコストの面でメリットを享受できる。

1.2　「ネットとつながっている」ことで実現方法は複数ある

　フィリップスのLaaSのようなケースがより広がっていくためには、IoTで接続される機器や、ビッグデータ関連技術によるデータ収集・解析・予測、そして自動化のテクノロジーが重要になってくる。この流れによって、市場や顧客が望む機能をどう実現するかの方法が変わってくる（図1.1）。

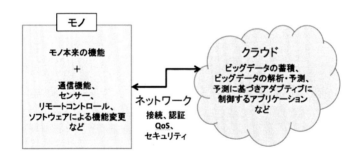

図1.1　IoT／ビッグデータ時代のモノが備える機能の例

　機能を提供する際の選択肢としては、以下の点を考えなければいけない。

(1) ハードウェアかソフトウェアか

　機能をハードウェアで実現するのか、ソフトウェアで実現するのかを考える。ソフトウェアを選べば柔軟性・拡張性を実現できるが、省エネや省スペー

スの観点からは一般的にハードウェアの方が優れている。

（2）機器への組み込みかクラウドで提供するか

　機器とクラウドが協調するモデルが一般的になればなるほど、IoT 環境との接続が必要になる。そこでは、機器とクラウドをつなぐネットワークの品質やスピード、リアルタイム性の違いが、機器とクラウドを連携して実現する場合の機能分割に影響が出てくる。

（3）製品かサービスか

　製品販売という見方だけでなく、LaaS のようなサービスとしての提供も検討すべきである。その場合、顧客側と提供側それぞれのメリットと、提供側の財務基盤を考慮する必要がある。

　（1）に関しては、今後はソフトウェアの比率が高まっていく。例えば、米 GE が推進する「Industrial Internet（インダストリアル・インターネット）」では、プラットフォームの設計思想の中に、「マシンセントリック」という項目を設け、次のようにうたっている。

- 接続の標準化を図り、機器を Industrial Internet に簡単に接続できるようにする
- 機器としてアナリティックス機能を備え、よりインテリジェントにする
- ソフトウェアによって機能変更を可能にし、かつソフトウェアの変更方法を標準化する

　機器が独立して動くのではなく、IoT に接続され、ソフトウェアによって機能を拡張でき、機器とクラウドが連携して機能を実現する動きが、ますます盛んになってくるだろう。

　例えば、自動車業界では、2014 年 1 月に米 Google と独 Audi、米 GM、本田技研工業などが、自動車への Android 搭載促進を目指す「Open Automotive Alliance（OAA）」を設立した。Android のオープンな開発モデルと共通のプラットフォームを活用し、自動車と Android 搭載端末の、より高度な統合と、自動車そのものを、ネットワーク接続された Android デバイスにするための

機能の開発にも取り組むとする。IoT がいう、インターネットとモノ、モノとモノのつながりを自動車の世界で実現しようとする動きだ。

1.3　ウェアラブル端末は IoT が前提

　ウェアラブルの分野は、まさに IoT が前提になる。Google Glass のようなメガネ型のほか、「Android Wear」を搭載したスマートウォッチや米 Apple の「Apple Watch」のような腕時計型、ソニーの「Smart Band」のようなリストバンド型、ヘルスセンサーをイヤホンに組み込んだイヤホン型、コンタクトレンズ型などがある。

　コンタクトレンズ型では、センサーとしての「Google スマートコンタクトレンズ」と、情報機器としての米 Innovega の「iOptik」がある。iOptik は、近距離と遠距離の異なる距離にあるものに目の焦点を合わせられるコンタクトレンズで、メガネの映像を投影する。

　様々なウェアラブル機器が開発され始めたことで、ビジネス分野でも実用化に向けて進みだしている。日本航空が Google Glass を使って旅客業務の効率を高める実証実験を開始したり、スイスのノバルティスが Google スマートコンタクトレンズを糖尿病患者の健康管理のために血糖値を測定するためのシステムとして使ったりだ。

　ウェアラブルは、一体型で必要な機能を実現する汎用性という意味ではスマートフォンに敵わない。だが、仕事やスポーツで手が使えない、スマホの画面を見られないといった状況下での応用や、より見やすいメガネやコンタクトレンズを使った AR（Argumented Reality：拡張現実）によりスマホを補完する情報端末機能として、様々な形のデバイスが普及していくだろう。

　センサーとしては、さまざまな非接触センサーの開発とともに、応用が広がっていく。ただし、センサー用途では、人が持つ身体情報を扱うため、機器やネットワーク、クラウドに対し、一層高度なプライバシーへの配慮が必要になる。

1.4　米ではIoT関連の標準化が動き出している

IoTの普及推進に向けて、米国では標準化の動きが盛んになっている（図1.2）。以下に、主な標準化活動を挙げる。

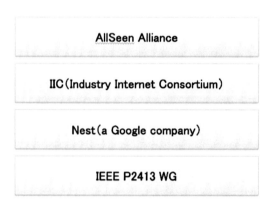

図1.2　IoT巡る主な標準化の動向

- **AllSeen Alliance**：米Qualcommが開発したIoT向けの共通言語／フレームワークである「AllJoyn」をベースに、Linux Foundationがホストを務めるオープンソースのプロジェクト。QualcommのほかMicrosoftや、中国のHaier、韓国のLG Electronics、日本のシャープ、パナソニックなどがプレミアメンバーになっている。

- **IIC（Industrial Internet Consortium）**：GEとAT＆T、Cisco、IBM、Intelなど、米国企業が立ち上げメンバーとして設立されたコンソーシアム。インダストリーインターネットとしてIoTや機器のインテリジェント化、それらを使ったプロセスのイノベーションを推進することを目的に掲げる。

- **米Nest**：スマートサーモスタットや煙検知器などのホームセキュリティのハードウェアメーカーで、開発者向けプログラムとし

てAPI（Application Programming Interface）を公開している。独Mercedes-Benzや、米Whirlpool、スマート電球のLIFXが同APIを使った製品／サービスを開発中である。Googleが2014年2月に32億ドルで買収した。

IEEEによる標準化の議論も始まっている。IEEEの「P2413 WG（Working Group）」がIoTのためのアーキテクチャーの標準化を検討し始めた。P2413では、IoTは今後のスマートアプリケーションやテクノロジーシフトのキーを握る最も重要な要素だと認識されている。現在は領域ごとの垂直な標準化は議論されていても、領域を越えたインターオペラビリティや互換性の議論がなされていないことが問題であり、そこでの標準化を目指すとする。

P2413が想定する標準化の範囲は以下である。

1. **IoTのアーキテクチャー**：フレームワークとして、共通要素間および領域をまたがったレファレンスモデル
2. **セキュリティ**：プライバシー、安全を考慮したデータ取り扱いのブループリント
3. **リファレンスアーキテクチャー**：レファレンスモデル、基本要素とシステムへの統合、ドキュメンテーションの方法、アーキテクチャーの相違のオペラビリティ

1.5　IoT 時代にこれまでのような業界標準は成立するのか？

　一言で「モノ」といっても、大型の機器や自動車から、前述したウェアラブル機器などなど、そのサイズも用途も様々である。これらのすべてを含めた標準化は難しい。だが、接続やデータに関してデファクトスタンダードを含めた標準化が進み、真の IoT 時代／ビッグデータ時代の実現に貢献することが望まれる。

　とはいえ標準化の動きも、まだまだ流動的である。今後、どのような方向に進もうとも、その時々に対応できるよう、できるだけ標準化動向に従って開発するとともに、ソフトウェア化／スタック構造化を採り入れなければならない。必要に応じてコンポーネントを置換し、変化に対応できるようにしておく必要がある。

　IoT としてインターネットに接続される機器の数は、2020 年には 500 億に達すると予測されている。これらが、もしバラバラにネットワークにつながり、動き出すとすれば、それは正しく動作するのであろうか。品質やセキュリティは大丈夫なのか。これらを想定し、モノとモノのデータ交換や、それらの連動を実現するソリューションを考えなければならない。

　IoT やビッグデータのテクノロジーが進展することで、機器や仕組み、ビジネスそのものが大きく変わっていく。動向を見極め、テクノロジーとビジネスのそれぞれの観点からイノベーションを実現していかなければならない。

第2章
「Industrial Internet」と「Industry 4.0」にみる製造業へのITインパクト

　第1章は要素テクノロジーであるIoT（Internet of Things：モノのインターネット）を取り上げた。IoTやビッグデータでは、他の要素テクノロジー同様に、どう使いこなしビジネスにつなげていくかが重要だ。その一例として、米GEの「Industrial Internet」と独政府の「Industry 4.0」を題材に、製造業における最新動向に触れてみたい。

　ビッグデータの時代になり、大きく変わろうとしているのが製造業だ。米GE（General Electric）が提唱する「Industrial Internet」や、ドイツが国を挙げて取り組む「Industry 4.0」の動きが、その代表例である。

▍2.1 産業革命、インターネット革命に次ぐ革命に

　Industrial InternetをGEは、「Industrial Evolution（産業革命）」と「Internet Evolution（インターネット革命）」に続く、新たな革命に位置付ける。「アナリティックスの自動化と、実体に基づいた深いドメインごとの経験の蓄積による予測や自動化によって起こる変革」と定義している。すなわち、ビッグデータ時代のテクノロジーによる変革だ。

　GEは、Industrial Internetに向けて、1つのアーキテクチャ、1つのプラットフォームの実現を狙っている。同プラットフォームの設計思想は、今後の機器やシステム、さらにはビッグデータやIoT（Internet of Things:モノ

のインターネット）を考える上で参考になる。その設計思想は、(1) Machine Centric、(2) Industrial Big Data、(3) Modern Architecture、(4) Resilient & Secure である。

(1) Machine Centric
　種々の機械に対し、IoT 接続の機能や、解析に結び付けるための機能を与え、ソフトウェアの変更方法などの標準化を目標にする。機器自身に IoT やビッグデータの発想に基づいた機能を標準装備する考えだ。

(2) Industrial Big Data
　すべての資産を管理すると同時に、データを収集し、分析・予測した結果を行動にフィードバックできるようにする。実体である機器情報や環境情報をデータとして吸い上げ、それを分析し最適化・効率化を図るとともに、より精度の高い解析・分析のためにデータを蓄積する。

(3) Modern Architecture
　モバイルのようなコンシューマ向けに実現されている使いやすさを、制御や分析・予測分野にも適用することで、機器、データ、人を有機的につなげられるようにする。コンシューマ分野の進んだユーザーインタフェースや、SNS（Social Networking Service）の使い方、それらの解析技術を開発や製造にも活用する。Hadoop のような解析プラットフォームも使用できるようにする。

(4) Resilient & Secure
　高可用性と、セキュリティ対策を実現する。リアルタイム性の必要性も増し、またサイバー攻撃対策や、データに対する強固なセキュリティ対策の実現を目指す。

　これらを見てみると、Industrial Internet が、IoT やビッグデータの内蔵を前提にしたシステムとして考えられていることが、良く分かる。

2.2 Cyber Physical Systems で自動化を超える変革を

　一方の Industry 4.0 は、ドイツ政府が推進する製造業の変革である。Industry 1.0 が水と蒸気による機械化、同 2.0 が電力を利用した大量生産モデル、同 3.0 が電子と IT システムによるオートメーションだ。これらに対し、Industry 4.0 は、CPS（Cyber Physical Systems：サイバーフィジカルシステム）による変革だと定義されている。
　CPS とは、現実世界をセンサーやデータを通じてサイバー空間に取り込み、サイバー空間におけるシミュレーション／分析による解析結果や予測を、現実社会にフィードバックする仕組みである。
　Industry 4.0 では、開発・生産・サービスといった製品のバリューチェーン上のプロセスで扱う情報を、細かくリアルタイムに吸い上げる。取得した情報と既存の情報を解析し、製造装置の制御データや生産管理用のデータとして使うことで、刻一刻と変わる市場ニーズや、工場の稼働状況、原材料の状況に応じて、最適な製品を、最適な時期に、最適な量生産し、市場投入できるようにすることを狙う。
　効率、品質、生産性、信頼性を、CPS によって大幅に向上させ、かつ商品の市場投入までの期間を短縮する。これも、まさしく製造分野の IoT ／ビッグデータの応用である。
　こうした動きの前提になるのが、関連する情報の統合管理である。CRM（Customer Relationship Management：顧客関係管理）、PDM（Product Data Management：製品データ管理）、PLM（Product Lifecycle　Management：製品ライフサイクル管理）、CAD（Computer Aided Design：コンピュータによる設計）の各情報を統合管理し、CPS で使うことが必要になる。
　そのためには、今までインターネットに接続していなかった工場や設備・機械を接続する必要が出てくる。従って、セキュアなネットワークやサイバー攻撃へのセキュリティ対策が、より必要になってくる。

2.3　企業内コラボレーションのあり方も変わる

　Industrial Internet や Industry 4.0 では、企業外／企業間だけでなく、企業内にも大きな変革を求める。Industrial Internet の設計思想の (3) にある「機器、データ、人を有機的につなげる」ための機能は、企業内 SNS の発展型である。
　企業内 SNS も進化を遂げている。SNS 単独のアプリケーションではなく、コミュニケーションや、コラボレーション、情報共有、業務アプリケーションを統合したものになっていく（図 2.1）。

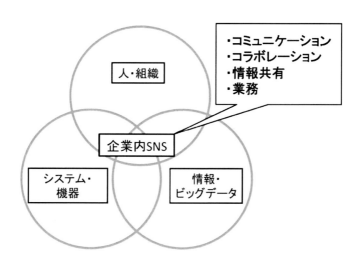

図 2.1　企業 SNS（Social Networking Service）による統合

　結果、蓄積されるデータは、クラウドを使ったビッグデータ解析へとつながる。端末（スマホやタブレット）と、モバイルネットワークを使うことで、場所を問わずコミュニケーションや情報共有が可能になる。ワークフローや業務アプリなど種々のツールを統合することで、それらの使用履歴と情報を残せるようになり、経験として蓄積できるようになる。

企業内 SNS の活用により、コラボレーションの促進、コミュニケーションの円滑化、情報・ナレッジの共有活用が図れる。社内コミュニケーションの強化や、営業や製品開発における情報共有・ナレッジマネジメントの実現、生産性向上といった効果が期待できる。

　企業 SNS の活用は、社内だけでなく、顧客との情報共有やコミュニケーションにも活用される。企業 SNS を実現するためのシステムの安価化、IT リテラシーの向上によって、かつては人手や高価な機器に頼るしかなく、しかも特定の顧客や高価な商品にしか適用できなかった顧客やパートナーとのコミュニケーションやコミュニティの構築が、より簡単に実現できるようになった。

　ここでも、IoT によって商品状況を把握することによって、より精度の高いコミュニケーションや情報共有がグローバル展開可能になる。

2.4　多様化が進む製造業のビジネスゴール

　Industrial Internet や Industry 4.0 のような変革によって、製造業のビジネスゴールは、次のように多様化が進む。

（1）既存ビジネス分野の改革による競争力強化、利益率向上、スピード強化、顧客との関係強化

　ゴール自身は今までと同様だが、ビッグデータ技術により、より良く効率的で無駄のない展開が可能になる。データ・情報によって、すべてのプロセスがつながっていく。

　そこでは、知識や経験がデータとして蓄積され、センサーによってより実体がリアルタイムでデジタル化される。それらを分析／活用し、予測や自動化によって経営や実務、オペレーションを大きく変えようとしている。

（2）ビジネスモデルのサービスモデルへの変革

　モノを売るのではなく、サービスとして機能を提供することも選択肢となっていく。第 1 章で紹介した蘭フィリップスの LaaS（Lighting as a Service）や、GE や英 Rolls-Royce のジェットエンジンにおけるサービスモデルが、そ

の一例だ。

　IoTでは、より安いコストで、効果の高い、顧客満足度を上げられるモデルの実現が可能になる。IoTによる接続や、その接続による機器の監視、センサーからのデータの収集、機器の寿命や保守の必要性などへのデータ分析の活用／自動化などが期待できるからだ。これらのデータはさらなるサービスや製品の改善へとつながっていく。

（3）自社のユースケースを使った新ビジネスの展開

　GEのM2M（Machine to Machine）サービスや、米ボーイングのセキュリティサービスのように、自社の経験および実践自身がビジネスとして提供可能になる。

　さらに、自社の製品とサービスに使ったテクノロジーやアプリケーションだけでなく、構築や運用のノウハウをビジネスにできる。この場合、アーキテクチャーやソリューションに使用するコンポーネントが、業界動向や標準化に沿っていることがポイントだ。

　（2）のサービスモデル化や、（3）のユースケースを使ったビジネス展開は、製品や新事業を開発するときに、選択肢として検討してみることが必要になってくる。Industry 4.0においても、現在のプログラマブルな製造機械、ロボットのような単品の提供から、工場のオペレーション全体をソリューションとして提供する流れも出てくるであろう。

2.5　IaaSでなくPaaSが差異化要因に

　GEのIndustrial Internetはさらに、プラットフォームのあり方の点でも参考になる。同社のプラットフォームは、「Predix Platform」と呼ぶPaaS（Platform as a Service）レイヤーと、「Predictivity　Solutions」と呼ばれるアプリケーション群から構成される。

　Predix Platformは、OSS（Open Source Solution）の「Cloud Foundry」と「Hadoopをベースとして、機器やネットワーク、クラウド、人を繋ぐ機能、

解析機能を提供しする。ここに、Predictivity Solutions が必要とする共通機能を実現する。

加えて、共通部品・共通スキル・経験を使うことで、開発期間やコストの削減、検証済みの部品を使うことによる品質の保証が可能になる。

Predix は IaaS 上で動く。だが、特定の IaaS だけでなく、広く環境を選べることを目指している。現在、Predix が稼働する IaaS は、Amazon のパブリッククラウドだけ。だが「Amazon のパブリッククラウドは、最初のクラウドプロバイダーとして選んだ」としている。

米 IBM が展開する「Bluemix」戦略でも同様のアプローチを採っている。Cloud Foudary をベースに PaaS をオファリングし、アプリケーション作成からデプロイ、管理までを迅速に行なえる仕組みを作り上げる。

いずれも、IaaS が差異化要因ではなくコモディティとなり、PaaS が差異化要因になるという傾向の一例だ（図 2.2）。

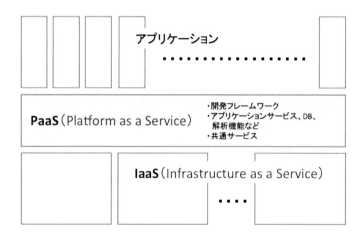

図 2.2　差異化要因になる PaaS（Platform as a Service）

IaaS レイヤーはコモディティ化が進む。IaaS 上の PaaS で、それぞれの企業の環境を考慮して機能を追加したりカスタマイズしたりすることで、アプリケーションの開発や管理、運用を迅速かつ簡単に実行できる環境の構築が進んでいる。

ビッグデータ時代は、IoT によるセンサーと機器の接続や、クラウドによるデータの蓄積・分析・予測とそのフィードバックの自動化、人とのつながりが大きく変わっていく。ビッグデータ、IoT、SNS、M2M といった技術をどう使い、どのようなビジネスをデザインするかによって、企業自身が大きく変わっていく。

　こうした変化をビジネスチャンスとして捕まえていくためには、新しいテクノロジーによる自社のビジネス強化を検討するだけでなく、サービス化やノウハウのビジネス化の観点からの検討と、それを支えるテクノロジープラットフォームの検討を実施しなければならない。

第3章
GEの「Industrial Internet」にみる、ものづくりとICTの融合

2章では、ものづくりの現場を抱える製造業において、ICTとの融合により新たな革新が生まれると期待されていることを述べた。3章では、製造業にICTがどのように融合されようとしているのかを例に考えてみたい。

米GEが提唱し、ICT業界を巻き込んで進む「Industrial Internet：産業インターネット」の進捗が明らかになってきている。2章で、IoT（Internet of Things:モノのインターネット）の成功例として挙げた、ジェットエンジンの提供におけるサービスモデル化や、開発プロセスの変革などだ。

これらの変革例はいずれも、ICTの最新技術をフル活用している。ICTを融合した製造業革命のポイントは、GEの取り組みを参考にすれば、図3.1に示す5つが挙げられる。

以下では、これら5つの変革ポイントの中身を紹介する。

（1）クラウドアーキテクチャーに基づいたプラットフォーム化

GEは、2章で紹介したように、クラウドアーケテクチャーに基づくPaaS（Platform as a Service）レイヤーのプラットフォーム「Predix」を構築している。Predixは、アプリケーションプラットフォームとしての「CloudFoundry」、解析のプラットフォームとなる「Hadoop」、およびIoT接続や管理のための共通機能などを提供する。このPredixをベースに、GEがSaaS（Software as a Service）レイヤーとして開発・提供するアプリケーションが「Predictivity Solutions」である。

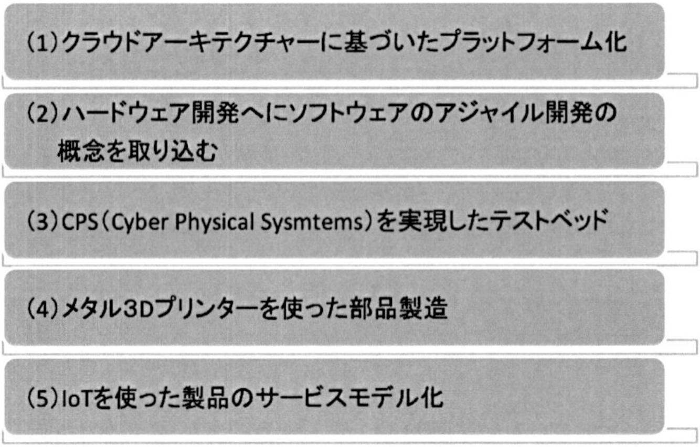

- (1) クラウドアーキテクチャーに基づいたプラットフォーム化
- (2) ハードウェア開発へにソフトウェアのアジャイル開発の概念を取り込む
- (3) CPS（Cyber Physical Sysmtems）を実現したテストベッド
- (4) メタル3Dプリンターを使った部品製造
- (5) IoTを使った製品のサービスモデル化

図 3.1　GE の「Industrial Internet」にみる製造業革命の 5 つのポイント

　プラットフォーム化によって、開発・運用のスキルや経験を生かせ、開発期間の短縮や、開発コスト／運用コストの削減を図れる。コモディティ化が進む IaaS（Infrastructure as a Service）レイヤーを自前で準備することにはこだわらず、PaaS レイヤーでの差異化を実現しようとしている。

　プラットフォームに加えて必要なのが、機器やアプリケーション開発の標準だ。GE は「製品の設計思想」という形で、このプラットフォームとの統合を進めている。Industrial Internet との接続や、ソフトウェアによる機能の実現、ソフトウェアの変更方法などの標準化が対象で、これに沿って製品は開発される。

　アーキテクチャーを決め、自社の差異化ポイントを明確にした上で、それをプラットフォームとして実現することで、インフラがアプリケーションごとにバラバラに構築されることを防いでいるわけだ。

　プラットフォームアプローチに関して、トヨタ自動車が Connected Car への取り組みのプラットフォームとして米 Microsoft の「Azure」を採用したことを発表している。オンプレミスのインフラを Azure 上に再構築し、「TOYOTA Smart Center」として、現在 400 万台の Connected Car をリアルタイムにカバーしているという。

　発表によれば、プラットフォーム化によって、導入前に比べコストは 29 ％削

減でき、インフラ構築のリードタイムは10分の1に短縮できたという。従来、インフラ運用に携わっていた人員は、サービス開発にシフトさせている。

　標準化したプラットフォームを構築し、それに基づいて開発すれば、ノウハウの活用やリスクの低減を図れ、開発期間の短縮および開発・運用コストの削減が実現できる。プラットフォームがあれば、新しいプロジェクトのスモールスタートも可能になる。

(2) ハードウェア開発にソフトウェアのアジャイル開発の概念を取り込む

　GEは競争力革新ツールとして図3.2に挙げる5つを使っている。

```
●ワークアウト       ：チームコミュニケーション改革
●シックスシグマ     ：データに基づいた品質向上
●FastWorks         ：顧客と結びついた開発
●リーン            ：無駄をなくしサイクルタイムを向上
●変革推進プロセスCAP：人・組織に焦点を当てたフレームワーク
```

図3.2　GEの5つの競争力革新ツール

　このうち開発プロセスの改善ツールが「FastWorks」である。FastWorksの目的は、開発段階において顧客との関係を改善することによって、顧客の期待により早く正確に答えることである。そのために、まず最小限の機能を持つ「MVPs（Minimum Viable Products）」と呼ぶ製品を作り上げ、顧客にオープンにし、顧客の声を反映しながら修正するという短期間のサイクルをスピーディに繰り返す。

　この方法は、ソフトウェア開発におけるアジャイル開発を参考にしている。最初に決めた仕様に基づき開発し、完成品に近い試作品になって初めて顧客の要求との違いが発見されれば、改善や作り直しには大きな時間やコストが発生する。MVPsを早期に顧客に見せることで、そうしたリスクを解消する。同時に、将来的なニーズの洞察につながる可能性も高まる。

　もちろん、ただ早く作るだけでなく、製品開発にはシックスシグマやリーン開発の手法を使い、品質も高いレベルに保つのが前提だ。GEにすれば、顧客

とのコミュニケーションによって顧客が期待するポイントが分かり、そのポイントに焦点を当てて人員や予算を割り当てて、開発・改善することで、開発期間の短縮と開発費用の削減を両立できる。

製品開発段階における顧客とのコミュニケーションを改善すれば、製品だけでなく開発プロセスも大きく変わっていく。

(3) CPS（Cyber Physical Systems）を実現したテストベッド

ガスタービンエンジンのような巨大な機器の開発には膨大な時間がかかる。そのテスト期間を短縮するためにGEは「CPS（Cyber Physical Systems）」の考えを導入している。CPSは、リアルな世界の振る舞いをセンサーなどでサイバーの世界に取り込み、解析やシミュレーションによって最適解を見つけ出そうという考え方や、その仕組みである。

GEは、ガスタービンエンジンのテスト中の動作や、その他の影響をサイバーな世界に取り込むため、エンジン自身に5000以上のセンサー等のデータ収集機器を、テストベッドには2000のデータ収集機器をそれぞれ設置している。それらの収集機器から集まるデータは5テラバイトにもおよぶ。

このビッグデータを分析・シミュレーションし、問題点や改善点を明確にし、改善につなげていくことで、エンジンの開発期間は1年以上短縮できているという。実際のテストが難しいときにも、テストベッドで収集したデータが役に立つ。さらには、将来の開発にも役立てられる。センサー群を持つテストベッドはCPSの実現例という形で広がっていくだろう。

(4) メタル3Dプリンターを使った部品製造

GEは2020年までに、10万点以上の部品を3D（3次元）プリンティング技術によって製造することを目標にしている。ここで使われる3Dプリンティング技術は「Direct Metal Laser Melting（DMLM）」と呼ぶ技術だ。細かい金属粉をレーザーによって一層ずつ溶融し結合することで、高密度かつ高純度の金属部品を3DのCADデータから直接作り上げる。

DMLMを使うことで、CADシステムで3Dモデルを設計し、シミュレーションによって分析したものを、3Dプリンティングによって直接製造できる。既存の製造方法は大きな変革を遂げる。費用と時間のかかる金型の作成プ

ロセスが不要になり、リードタイムが大きく向上する。

　金型では作りにくい形状も作成できるため、より軽量で強度が高いなど性能が高い部品の開発が可能になる。金型製作の都合から、これまでは分けて製造して組み合わせる必要があったり、製造後にすり合わせや穴あけといった後工程が発生していた。これらが不要になれば、製造工程はシンプルになり、無駄な材料の節約にもつながる。

　このような 3D プリンターを使った製造は、Additive Manufacturing と呼ばれる。同分野に GE は毎年、60 億ドルの開発投資を続けており、既に 300 台以上の 3D プリンターを使っているとされる。実際のジェットエンジンの部品であるブラケットを製造しており、既存品に比べて 80 ％の軽量化に成功しているという。

　汎用の 3D プリンターを使って様々なパーツを製造すれば、急な要望にも柔軟に対応ができ、かつオンデマンドでの製造になるため在庫を持つ必要もない。作るもののサイズに合わせて製造装置も小型になる"マイクロファクトリー構想"にもつながっていく。

　3D プリンターの普及は、開発部門や製造部門のあり方も大きく変えていく。同時に、開発部門と製造部門の間での CAD データ共有や顧客ニーズを取り込むためのネットワークやシステムの変革、それらに関するセキュリティ体制の実現も必要になってくる。

(5) IoT を使った製品のサービスモデル化

　第 2 章で、GE はジェットエンジンのビジネスにおいて「Power by the Hour」というサービス化を実現していると述べた。製品を売るのではなくサービスとして提供する。IoT によって、エンジンの稼働状況や温度・燃料消費をセンサーによって把握し、故障の予兆診断や部品交換のタイミングを正確に予測することで、サービスモデルとしての提供を可能にした。サービス化は、顧客と提供側の双方にメリットがある。

　サービスとして提供することで、そこから収集されるデータをオーナーとして使用でき、ビッグデータの観点からも価値が高まる。実際 GE は、データを解析して航空会社に運行ルートや運行方法をも提案している。このようなサービスを迅速に開発し、運用を容易にするためにも、クラウドベースのプラット

フォームが有効に働いている。

3.1　これからのイノベーションは IT ドリブンになる

　以上の動きを見てみると、GE が ICT の先端技術だけでなく、ICT 分野の仕組みや考え方を取り込んだ形で変革を進めていることがよく分かる。こうした動きに追随し対抗していくためには、ICT の技術および、その使い方を理解し、それらと融合したシステムとプロセスを構築していかなければならない。そして、このような動きをリードしていく CIO および IT 技術者の役割は、ますます重要になっていく。

　これまでも「戦略情報システム」といった言葉で、コストセンターとしての情報システム部門ではなく、経営や戦略に深く寄与する情報システム部門への変革がうたわれてきた。だが、Industrial Internet や Industry 4.0 の変革に対応するためには、ICT の動向や知識・経験だけでなく、開発・製造に関する知識・経験を融合した戦略的な動きが必要になってくる。

　トヨタの CIO である友山 茂樹 専務役員は、マイクロソフトの IT 技術者向けイベント「de:code 2015」の基調講演で「これからのビジネスにおいて、IT なしではイノベーションは起こり得ない。『IT ドリブン』『IT イニシアティブ』で進めていく必要がある」と語っている。同氏が指摘するように、今後の変革には「IT ドリブン」が、ますます必要になってくる。

第4章
構成要素が絡むIoT、オープンイノベーションで加速を

　IoT（Internet of Things：モノのインターネット）の事例やソリューションが紹介されるケースも増えてきた。第4章では、なぜ今、IoTがこれほど注目されるのか。その理由と背景を考えてみたい。

　IoT（Internet of Things:モノのインターネット）が注目されている理由は大きく2つある。1つは、インターネットやクラウドの進化につれて、IoTによる差異化や競争力を実現しようとするためである。第1章『IoTがビジネスの変革を求める』で述べたように、既存分野をIoTテクノロジーによって競争力を強化したり、サービスモデル化を進めたりしようとしている。
　すなわち、機器やデバイスをネットワークで接続し、モニターするだけでなく、機器の持つ情報やセンサーによる情報を集め蓄積し分析することで、より良い保守サポートや機器の改善に利用する。
　具体的には、機器に対する予兆診断や、リモートメインテナンス、機器につけたセンサーデータを用いた最適オペレーションや、効率の良いオペレーションの実現である。さらに、それらセンサーから集めたデータをマーケティングや機器の改善に利用することも可能になる。
　第2章で取り上げた米GEや英Rolls-Royceの飛行機用エンジン、蘭PhillipsのLaaS（Lighting as a Service）のように、サービス化のためにもIoTは必要な技術である。

4.1 インターネットとクラウドが IoT の流れを加速

　この流れが加速している背景には、インターネットやクラウドの貢献がある。飛行機用エンジンや重機など、高価な機械に対してIoTの仕組みを作ることは、回収効率を考えると投資が可能である。だが、LaaSのようなLEDの監視では大きな投資は難しい。それが、インターネットとクラウドを使うことによって可能になったのだ。

　もう1つの理由は、上記のような、使う側からの要望や必要性による流れとともに、ベンダー事情からくる流れの存在だ（図4.1）。すなわち、仮想化によってサーバーやソフトウェアが有効活用されるようになり、さらにクラウド化の進展によりパブリッククラウドによる「使う」モデルが進んでいることである。

図 4.1　IoT（Internet of Things：モノのインターネット）市場のドライバー

　米 Synergy Research Group の発表によると、クラウド市場全体は前年比49％増で成長しており、企業がオンプレミスで運用するサーバーもクラウド化が進んでいる。プライベートクラウドでも、サーバーを効率良く使うようになり、企業へのハードウェア／ソフトウェアの販売は成長しなくなる。

サーバーの仮想化に加えてネットワーク機器も、NFV（Network Function Virtualization）と呼ばれるルーターやロードバランサー、ファイヤウォールなどのセキュリティ機器の仮想化も進んでいる。

4.2　クラウドプロバイダーは自前主義を強化

このような要因から、ベンダーが既存分野で成長を続けるのは難しい。価格が下がってくることによるマイナス成長の危険性も高い。大量にハードウェアやソフトウェアを使うのは、クラウドプロバイダーの側に移っていくが、クラウドプロバイダーにしても自前主義が進んでおり、そこでもベンダー製品は売れなくなってきている。

自前主義が進んでいることを示すプレゼンテーションが、2014年11月に米ラスベガスで開かれた米AWS（Amazon Web Services）のカンファレンス「re：Invent」において、「AWS Innovation at Scale」と題して実施された。そこでは、月々のコストに占めるサーバーの割合が57%、ネットワーク機器が8%とされている。

この中でサーバーは、自社設計による、いわゆるホワイトボックスを使うことによってコスト削減を急速に進めている。だが、ネットワーク機器にかかっている8%をベンダーに頼っていては、全体コストを下げることが難しい。この点を解決するために、ネットワークの機器の機能の見直しや構成を改善して、ネットワーク機器についてもホワイトボックス化を図っている。

つまり、ITベンダーとしてハードウェアやソフトウェアを売るビジネスモデルは崩れてきている。ITベンダーが成長するためにも、新分野であるIoTに焦点が当たっていることになる。

米Cisco Systemsの予測では、IoT分野は次の10年で、官公庁向けの4兆7000億ドルを含む19兆ドルの価値を生む。米McKinsey Global Institutesも、2025年に2兆7000億から6兆2000億ドルの経済インパクトを生むと予測している。この10年で数百兆円以上の新市場が生まれ、その市場を目指した戦略の展開が始まっている。

例えばCiscoは、官公庁を除くと下記の分野で、IoTによる成果が見込まれ

ると予測する。

- 資産の有効活用＝2兆5000億ドル
- 人の生産性向上＝2兆5000億ドル
- SCM（Supply Chain Management）のプロセス改善：2兆7000億ドル
- 顧客満足度向上と顧客の増加：3兆7000億ドル
- テクノロジーイノベーション：3兆ドル

また米 Microsoft は、『10 reasons your business needs a strategy to capitalize on the IoT today』を発表。その中で、競争力や資産の有効活用、顧客への新しい価値の提供、新規ビジネスの可能性、迅速性やスケーラビリティの実現など、企業そのものを変身させる可能性があると指摘する。

このように IT ベンダー各社は、IoT ソリューションの提供に力を入れている。IoT の統合ソリューションには、図4.2 に示す6つの構成要素が必要になる。

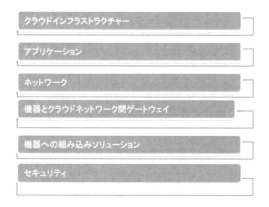

自社開発か利用か？

図 4.2　IoT（Internet of Things:モノのインターネット）を実現するソリューションに必要な6つの要素

各要素について、それぞれの動向と考慮点を挙げてみたい。

要素1：クラウドインフラストラクチャー

データを蓄積するストレージ、アプリケーションを稼働させるためのコンピューティングのインフラとしては、パブリッククラウド／プライベートクラウドによる仮想サーバー、ストレージを使える。ただし、サービスの内容によってはHA（High Availability）やDR（Disaster Recovery）、BCP（Business Continuity Plan）の機能が必須になる。

要素2：アプリケーション

解析、シミュレーション、マシンラーニングなど、汎用的なアプリケーションインフラ、および実際のモニタリング、リモートコントロール、予兆診断といった機能と、それらを使ったサービスを提供するためのアプリケーションが必要である。

例えば、Hadoopに代表される解析の機能は、クラウドサービスプロバイダーが提供している。マシンラーニングや高度の解析機能も米AWS（Amazon Web Services）やMicrosoftらが提供する。

実際のビジネスに繋がるアプリケーションも、種々の企業が提供している。いずれも、IoTビジネスの中心になる部分なので、「使う」のか「作る」のかの判断が必要だ。すなわちアプリケーションで差別化するために開発するのか、機器で差別化し既存のSaaS（Software as a Service）のようなアプリケーションサービスにつなげる（＝使う）のかを判断しなければならない。

要素3：ネットワーク

機器とクラウドを接続するネットワーク、インターネットや3G／LTEのモバイルネットワーク、形式変換などの機能を含む。各キャリアが「M2M（Machine to Machine：機器間）クラウド」や「M2Mトータルソリューション」といった名称でサービスを開始している。

日本では、NTTドコモが、メーカー通信モジュールやモバイル通信対応機器に対して、ドコモネットワークとのIoT相互接続試験を実施し、その結果を発表している。KDDIは、課金回収代行までをトータルサービスの中に含めて

いる。

一方、米国のベンチャー企業、Jasper Technologies のように各国 100 以上のモバイルキャリアと提携し、クラウドベースの IoT プラットフォームを提供するケースもある。Jasper のソリューションを使えば、世界展開が容易になる。

要素 4：機器とネットワーク／クラウド間のゲートウェイ

大量の機器を接続する場合や、接続の仕方によっては、機器やデバイスをゲートウェイで統合管理しネットワークを集約する方法が採られる。ウェアラブル端末のような場合は、スマートフォンがゲートウェア機能を持つ。

具体的には、「Intel Gateway Solutions for the IoT development kit」や「IBM Message Sight」「Microsoft Azure Intelligent System Service」などが提供されている。いずれも、ネットワークの集約や、通信プロトコルのサポート、形式変換やフィルタリングといった機能を提供する。

要素 5：機器への組み込みソリューション

クラウド／ネットワークと連携する機能をデバイス／機器への組み込みや、センサーおよびセンサーのデータを収集するための仕組み、およびソフトウェアアップデートの仕組みが必要になる。大型の機器になると、処理能力も必要だ。

既に、Microsoft の「Windows Embedded」、米 Intel の「Application Ready Intel IoT Developer Kit」、米 Qualcomm の「Internet of Everything Development Platform」といったソリューションが発表されている。

要素 6：セキュリティ

上記 5 つの要素に対するセキュリティ対策および、全体システムとしての対策。情報、コンテンツに対する対策が必要になる。セキュリティに関しては、インダストリアル・インターネットの推進で GE が、米 AT&T やソフトバンクと提携し、アプリケーションとインフラ含めて提供している例もある。統合的な脅威の分析と対策、およびその運用について検討しなければならない。

4.3　自社の強みにつながるかどうかを検討する

　IoT活用を成功させるためには、自社の製品／サービスをどう展開するかの戦略を明確にする必要がある。製品がつながることによって、どのような価値を生み出せるのか、どのようなサービスが可能になるのかを考えたうえで、それらが自社の強みを作り出せるのかどうかを検討しなければいけない。その実現のためには、前記に示した構成要素が必要になる。

　さらに、スピードを上げ、競争力のあるソリューションとするためには、オープンイノベーションの考えが必要である。オープンイノベーションとは、自社技術だけでなく他社や大学、研究機関などが持つ技術やアイデアを組み合わせ、革新的なビジネスモデルや革新的な研究結果、製品開発につなげる方法である。

　オープンイノベーションでは、自社だけでなく、広くソリューションを外に求め、それらを組み合わせることで統合ソリューションを作り上げることが可能になる。良いパートナーを見つけ、良い構成要素を使うためにも、仕組みから入るのではなく、ビジョンや製品、サービスの戦略を作成し、その中でどの部分を開発し、どの構成要素を利用して統合ソリューションを作り上げるかの戦略が重要になる。

第 5 章
IoT を成功に導く 4 つのモデル

　IDC Japan の発表によると、IoT（Internet of Things：モノのインターネット）の市場規模は 360 兆円に達すると予測されている。IoT は実際、どのような使われ方をしているのか。先行事例を元に、IoT で成功するためにはどのようにアプローチすべきかを考えてみたい。

　米ガートナーの最近の予測では、2020 年に 260 億のデバイスがインターネットに接続される。また、米 Verison のレポートでは、既に 12 億個以上の B2B（Business to Business）向けの IoT デバイスが機能しており、今後年率 28 ％で伸びていくと予測している。結果、2025 年には IoT を採用する企業の活動効率は、使わない企業と比べて 10 ％以上、高くなる。

　図 5.1 に、2013 年から 2014 年の B2B における M2M（Machine to Machine）の伸びを示す。これまでも取り上げてきたように、製造業における伸びが一番高い。IoT の製造業に対するインパクトが広がり始めている。

　IoT の活用事例を分類していくと図 5.2 のようになる。これらの分類に従って、海外の報道などを含めた事例を参考に、IoT での成功要因や考慮点を探ってみたい。

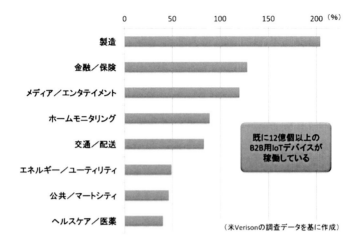

図 5.1　業種別に見た B2B の M2M 利用の 2013 年から 2014 年に向けた伸び率

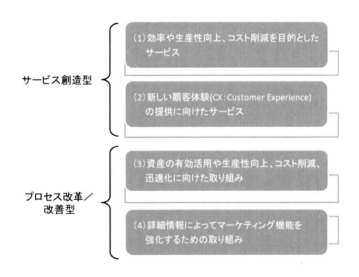

図 5.2　IoT 活用の 4 つのモデル

分類 1：効率や生産性向上、コスト削減を目的としたサービス

　データを収集し分析することで、適切なアクションにつなげることをサービスとして提供するモデルである。米 GE や英 Rolls Royse におけるジェット機用のエンジン、小松製作所や日立建機における建設機械の監視や状況把握といった例が有名だ。

　様々なセンサーからリアルタイムにデータを収集し分析することで、故障や寿命の予兆をつかみ、よりタイムリーに適切な予防保守を実施する。結果、故障に伴う稼働停止の防止や、より修理に手間のかかる故障の発生を防げる。定期保守や異常が発生してからの保守といったオフライン型の保守を、IoT によって精度を高めサービス体制を変えることで、顧客満足度の向上が期待できる。

　このモデルでは、機器の状況が常に把握できるため、サービスモデル化が容易になる。例えば、GE がいう「Power by the Hour」は、エンジンを販売するのではなくエンジンのパワーを時間貸しするモデルだ。顧客にすれば、費用発生の平準化が図れる。

5.1　データが集まれば集まるほど精度は高くなる

　製品の提供側も、データが集まれば集まるほど、製品コストに加え保守コストを正確に見積もれ、早期対応による保守コスト削減につながり、事業の利益率向上に役立てられる。

　集めたデータや位置情報は、稼働管理やエネルギー管理にも使え、データを基にした新たなビジネスの可能性も出てくる。実際 GE は、伊アリタリア航空と契約し、IoT の仕組みで集められた燃料消費データを基に最適な航行をアドバイスするサービスを提供している。

　データに基づく事業のサービス化は、ジェット機用エンジンのような巨大で高価な機器だけでしか成立しないわけではない。インターネットやクラウドの活用によって、以前に紹介した蘭 Phillips の LaaS（Lighting as a Service）や米 Ingersoll Rand のビル内における最適な温度環境サービスへと広がっている。LED 照明器具や、空調装置を販売するモデルから、"適切な明かり"や

"適切な温度"を提供するサービスモデルへの転換だ。

　こうした流れは、機器の機能や品質、コストでの競争を大きく変える可能性がある。ただしサービスの提供においては、機器のIoT対応だけでなく、サービスの運用や保守体制、ファイナンシングなどの総合力が必要になる。

分類2：新しい顧客体験（CX：Customer Experience）の提供に向けたサービス

　分類1のケースは、効果が明確であり、それに要するコストを計算すればビジネス化の可能性を予測できる。しかし、B2C（Business to Consumer）型のIoT展開のケースでは、ビジネス化の可能性を占うのが難しい場合が多い。ウェアラブルデバイスを例にとって考えてみたい。

　ウェアラブルデバイスの導入事例の1つが、米 Walt Disney の「MagicBand」だ。MagicBandは、センサーを搭載したリストバンドで、これを着けていれば、ホテルの部屋へのチェックインから、ランチの購入、アミューズメントパークへの入場、特定アトラクションの予約までがフリーパスになる。顧客に新しい体験を提供すると同時に、着用者の動きをデータとして収集できるため、スタッフの適切な配置や、ショップやレストランの在庫管理の改善にもつながる。

5.2　新しい顧客体験は既存の"常識"を覆す

　新しい体験という意味では、話題になっている「Apple Watch」も、この例である。従来の腕時計では考えられない、「毎日充電しなければいけない」という仕様にもかかわらず、様々な情報表示、コミュニケーション機能（手書きの絵や心拍数まで送れる）、日々の体の動きのデータ化、さらにアプリケーションによって機能が追加できるという顧客価値によって評判を呼んでいる。

　既存の時計メーカー、例えばフレデリック・コンスタントが出した「オロロジカル・スマートウォッチ」が、アプリケーションやクラウドと連動しながら活動と睡眠パターンを高精度で記録する機能をバッテリー寿命の2年間にわたり提供しているのとは対照的だ。

新しい体験が可能なウェアラブルデバイスとしての展開を図る Apple Watch と、時計の進化として新しい体験も提供しようとしているスマートウォッチのどちらを選ぶかは、顧客がその価値をどうとらえるかにかかっている。しかし今後は、既存分野に IoT によって新しい顧客体験を差異化要因に掲げた新規参入者との競合も増えていくだろう。

分類 3：資産の有効活用や生産性向上、コスト削減、迅速化に向けた取り組み

収集したデータを、自社のプロセスや仕組みの改革／改善に利用するモデルである。色々な分野に適用でき、実際に事例も多い。

製造・開発プロセスを大きく変えようとしている代表例が、GE の「Industrial Internet」やドイツ政府が進める「Industry4.0」だ（関連記事『第 2 章「Industrial Internet」と「Industry 4.0」にみる製造業への IT インパクト』）。

例えば GE は、タービンの耐熱素材や冷却技術の開発に IoT のデータを利用する。タービン専用の試験設備では、ガスタービンに 5000 個のセンサーを設置し、200 時間のテスト期間中に収集するデータ量は 5 テラバイトに上る。これは 500 台のタービンを 1 年間営業運転したことに相当する。サイバーとリアルの両手法で解析することで開発期間の大幅短縮を図る。

米 Microsoft が支援する英国のロンドン地下鉄もこのモデルだ。要所要所にセンサーを配置し、駅構内の設備や列車の運行状況を逐次監視する。稼働状況から異常なパターンを検知し、早期に交換することで、運行停止のリスクを低減するとともに保守作業の生産性を高めている。

5.3　センサーデータは直接・間接に利用できる

宅配大手の米 UPS は、配送車にセンサーをつけている。速度や燃費、走行距離、停止回数、エンジンの状態といったデータを解析して、運転方法や配送経路の改善を図る。燃料消費量の削減、効率の改善、有害物質放出量（環境負荷）の軽減に役立てている。

農業の分野では、農機具メーカーである米 John Deere の事例がある。目的は作物を収穫する時期の最適だ。同社の「Field Connect システム」は、温湿

度や、風速、日射量、雨量、土壌の温度や植物の葉の水分量といったデータを収集し、作物がいつ最適な水分レベルに達するかを農家が予測できるようにしている。集積されたトレンドデータからは、季節の変化が水分の保持率に与える影響も分かる。

　このモデルは、効果を予測しやすい。目的を明確にして、そのためには、どんなデータを収集するか、そのデータから適切な判断ができるかどうかを検討する。そのうえで、その仕組みをリモートで実施する価値や、リアルタイム化する価値を加味して事業判断する必要がある。

分類4：詳細情報によってマーケティング機能を強化するための取り組み
　位置情報やビーコン技術を使ってマーケティング情報を収集し、顧客一人ひとりに個別対応するための活動に利用する。宝飾品チェーンの米 Alex and AI の事例では、ビーコン技術を使い入店した来店者に合わせてお薦めの商品情報をスマートフォンに送る。店舗内での顧客の動きを追跡することで、商品ディスプレイや動線の改善にも役立てている。

　このモデルでは、マーケティング活動全体における位置づけと、想定できる効果を明確にしたうえで、そのために収集すべきデータと解析方法、結果に対するアクションを検討する必要がある。

5.4　自社製品を IoT 対応にするだけでは何も生まれない

　Verison のレポートが指摘するように、IoT の活用は企業の生産性に大きな影響を与える。サービス化や新しい顧客体験の提供によって、競争ポイントが大きく変わる可能性もある。IoT 活用の検討は、企業にとって不可欠なものになってきた。

　しかし、単に IoT でセンサーをつないだり、自社製品をネットに接続したりしただけでは何も生み出されない。まずは、自社が取り組む目的を明確にして、どのようなデータを、どのように扱えば目的を達成できるかの仮説を立てる必要がある。

　その仮説に基づいて、データを収集するためのセンサーや、解析手法を検討

する。そして、得られたデータから適切な判断が可能かどうかの仮説を検証する。データはIoTでなくても取得できることもあるので、リモートにする価値やリアルタイム化する価値も検討しなければならない。

　これらのメドがたって初めて、それをどう実現するかを検討すれば良い。デバイスの開発やIoT対応機能の組み込みコスト、データを扱うストレージの容量や処理量、ネットワークの要求品質などからシステム全体の要件が定まり、コストを試算できる。

　実現のスピードや運用コストを抑えるためには、IoTの仕組みを支えるインフラ部分を標準化しておくことが望ましい。IoTの仕組みを一度構築すると、他のデータの収集や使い方が可能になる。拡張性のある設計を目指さなければならない。

第6章
IoTが求めるクラウドの進化とフォグコンピューティング

　ここまで、IoT（Internet of Things:モノのインターネット）と、ものづくりにおけるICTの応用について考えてきた。第6章では、そうした動きを支えるクラウドそのものに関するトピックスを基に、クラウドが今後、どのように変化していくのかを考えてみたい。

　2015年5月、クラウドのセキュリティを考える業界団体である米CSA（Cloud Security Alliance）が開いたカンファレンス「CSA Japan Summit 2015」において、CSAのファウンダーでありCEOのJim Reavis氏は『Cloud Today、Cloud Tomorrow』と題した講演で、2020年のクラウドを取り巻く環境を次のように予測した。
　「2020年には、最先端の企業は業務のすべてをクラウドで実現しており、主要な企業でもクラウドが主流を占めていると予測される。すなわち"Cloud First"から"Cloud Native"への移行が進み、クラウドが企業インフラのベースとして定着している」
　同時に、そうした環境においては、パブリッククラウドやBYOD（Bring Your Own Device：私物デバイスの業務利用）の活用で大多数のエンドポイントが企業のコントロール外になり、セキュリティ面での脆弱性が問題になることも指摘している。これに対する対策として同カンファレンスでは、「仮想プライベートクラウドの検討が進んでいる」との報告もあった。
　仮想プライベートクラウドとは、ちょうどVPN（Virtual Private Network：仮想私設網）が一般に共有されているネットワーク内に、仮想的な占有ネット

ワークを構築するように、パブリッククラウド内に認証と複数レベルの暗号化を使うことで仮想的に占有するクラウドである。

この仮想プライベートクラウドとBYOD端末が暗号化された通信でやり取りすることで、パブリッククラウドとBYOD端末を使う場合でも安全な環境を実現する。仮想プライベートクラウドの実現に向けては、技術検討や標準化の議論が既に始まっている。

一方、デバイスに関してReavis氏は、「クラウドに接続されるデバイスの大部分はIoT（Internet of Things:モノのインターネット）関連になるだろう」と予測する。膨大なIoT関連デバイスがクラウドに接続される。米CiscoSystemsの予想では、接続台数は2020年に500億台にも上る。

各種のデバイスやセンサーからは、大量のデータが高頻度に生成される。第3章で紹介した米GEのジェットエンジンの場合は、30分間に10テラバイトのデータをはき出す。これだけのデータをクラウドで処理しようとすれば、クラウドの処理能力だけでなく、ネットワークの転送速度や遅延が問題になってくる。

こういったクラウドでの実現が難しい部分を補うために、Ciscoなどから「フォグコンピューティング（Fog Computing）」という概念が提唱されている。ネットワークのエッジでデータを処理するコンピューティングパラダイムであり、クラウド（雲）との対比で"フォグ（霧）"と表現される（図6.1）。

フォグコンピューティングは、まさしく霧のように広く分布する、ワイヤレスでアクセスできる処理環境だ。それらはバラバラに稼働するのではなく分散処理と分散ストレージの実現を目指している。

6.1　AWSの利益率16.9％が示したクラウドの"内側"の条件

では、Reavis氏が予測するように、最先端企業でなくても、クラウド活用が主流を占める"Cloud Native"になるほどにクラウドは進化できるのだろうか。それを占うための1つの指標になるのが、2015年4月に米Amazon.comが同社の2015年第1四半期の業績発表において、事業セグメントとして初めて公開されたAWS（Amazon Web Services）の業績である。

- エッジに位置し、ロケーションを意識した処理が実行でき、遅延が小さい
- 地位的に分散している
- コンピューティングとストレージ資源を分散できる
- 移動しても使える
- リアルタイムな処理と応答が可能である
- ワイヤレス通信が中心になる
- 多様性を許容できる仕組みである
- 相互接続・運用と統合運用を実現できる
- オンライン分析をクラウドとの共同作業で実行できる

(『Fog Computing and its Role in the Internet of Things』を参考に作成)

図 6.1　フォグコンピューティングの特徴

　図 6.2 に示すように、AWS の 2015 年度第 1 四半期の業績は、前年同期比で 50 ％以上の成長を見せている。Amazon.com の業績全体に占める割合では、売上高では 6.9 ％にすぎないが、利益に関しては大きく貢献していることが分かる。特に、AWS の営業利益率 16.9 ％は驚きの数字である。

社名	項目	2014年度1Q	2015年度1Q
Amzon.com	売上高	15705	17084
	営業利益	146	255
	純利益	108	▲57
AWS	売上高	1050	1566
	営業利益	245	265

（Amazon.com の IR 資料を基に作成。単位：100万ドル）

図 6.2　Amazon.com と AWS の業績

　クラウド事業は競争が激しい分野であり、価格面での競争も厳しい。現に AWS 自体、40 回以上も利用料金を引き下げている。こうした価格面の圧力に

加え、クラウド事業者としては、データセンターや、その設備、サーバーやネットワーク機器などへの先行投資が必要である。これらの施設や機器がなければ事業の成長やサービスのスケーラビリティを確保することさえ不可能だ。

　年間50％以上の成長は、同社の事業がデータセンターや機器に対する大きな先行投資に支えられているということを意味する。このような状態において、17％弱の利益率を実現していることは、競合企業にすれば大きな脅威であるはずだ。どうすれば、これだけの利益を稼ぎ出せるのだろうか。

　その一端が、AWSのVP兼Distinguished EngineerであるJames Hamilton氏の講演資料『AWS Innovation at Scale』に見られる。2014年11月12日に開かれた「AWS re:Invent」という会議で示された。Hamilton氏によれば、AWSの月額コストの比率は図6.3のようになっている。

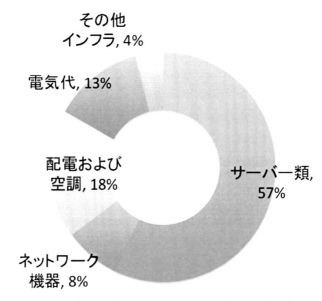

図6.3　AWSのデータセンターの月額コスト構造

データセンター事業者ならすぐに気づくだろうが、このコスト構造は、日本のデータセンターとは大きく異なっている。データセンターの規模にもよるが、日本では、電気代と場所のコスト（賃料や地代、建物、設備の減価償却など）が占める割合が、より大きい。

　電気代に関してAWSは、自家発電や配電の工夫によって使用電力の削減を図っている。結果、AWSが持つリージョンのうち3カ所が100％カーボンニュートラルを実現しているほどだ。ベースとなる電気料金の差も大きく影響していると考えられる。

　場所のコストに関しても、日本では「都市型データセンター」と呼ばれる大都市や大都市近郊のデータセンターが多く、このことがコスト増につながっている。AWSのデータセンターは決して都市型ではない。こうしたファシリティコストの優位性を基にAWSはグローバルでサービスを展開しているのである。

　加えて、サーバーの償却期間を3年にしていることが、コスト面では負担になるものの、競争力を高めている。3年ごとに最新サーバーに入れ替えられるからだ。もちろん、サーバー類のホワイトボックス（仕様を指定して組み立てられたノーブランド製品）化に続き、ネットワーク機器もホワイトボックス化することで、コストパフォーマンスを高め、総コストの大部分を占める機器コストの削減も進めている。

　パブリッククラウドの市場は、このような経営をしているAWSに対し、グローバルには米Microsoftの「Microsoft Azure」、米IBMの「Softlayer」が追い上げている。競争は今後、ますます激しくなるだろう。日本のクラウド事業者にすれば、これらに対抗する価格や価値を生み出さなければいけない。利用者側から見れば、これらの競争によって、さらに安価で便利なサービスが使えることになり、選択肢が増えることになる。

6.2 OpenStackを筆頭に広がるOSS化の波

パブリッククラウドの競争激化を背景に、プライベートクラウド化の動きも盛んになっている。米調査会社Foresterの『OpenStack Is Ready - Are You?』という記事は、現在のOpenStackの状況として、下記の3点を挙げる。OpenStackは、IaaS（Infrastructure as a Service）を構築するためのOSS（Open Source Software）のソフトウェア群である。

1. 企業での活用段階に入った。デジタル系の企業だけでなく、一般の企業でも活用が広がってきている
2. アプリケーションを安価に、速く簡単に開発するためのプラットフォームとしての活用が大部分を占め、アジャイル開発の手法で新規開発したものを、そのままプロダクションとして使うケースが増えている。独立したプライベートクラウドで簡単に早く開発するためのコスト優位な解決案だと考えられている
3. 機能的には不足しているところもあるが、致命的ではない。特に、これまで課題指摘されていた「アップグレード中に停止する」という問題は改善されている。継続的に続くアップグレードやリリースアップに追随しなくても、使用には問題がないレベルに達している

OpenStackの機能拡張、信頼性向上、使いやすさの向上は続いている。その結果、企業での使用が加速し、それらの企業の成功を支えている。

2014年11月に実施されたユーザー調査によると、Fortune100の企業のうち、独BMWや米Disney、米Wal-Mart、米Comcast、米Best Buyといった11社が既に、実環境でOpenStackを使っている。そのうち最大のシステムでは20万コア環境で使用しているようだ。

OpenStackの活用が広がっている背景には、企業がOSSの技術を使うことによってベンダーロックインを避けるとともに、高価なライセンスフィーの支払からも解放されるというメリットがある。自動化を進めることで運用コストの引き下げも可能になった。これらの結果、パブリッククラウドと比較しても、プライベートクラウドのほうがコストや柔軟性の面でのメリットが生まれ

てきた。

しかし、このようなメリットがある一方、OpenStack 環境を実現し使いこなすためには、当然ながら OpenStack に備える体制が必要になる。Forrester の記事でも、OpenStack を活用するためのチームやサポート体制に関して触れ、図 6.4 のような人材が必要だと指摘している。

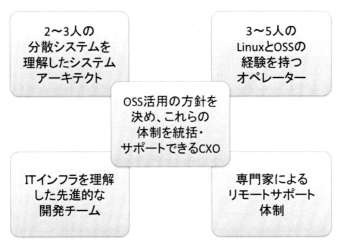

（米Forresterの『OpenStack Is Ready – Are You?』を基に作成）

図 6.4　OpenStack の活用に向けて必要な人材

すわわち、OSS の意味と価値を経営的にも理解し、OpenStack コミュニティに入り最新情報や情報交換の機会を作ったうえで、OSS に対する戦略と、それを支える体制を整えなければ、OpenStack の安定活用と運用の実現は難しい。しかし、OpenStack に止まらず、OSS 化の波は広がっている。利用企業としても体制構築の検討を進めるべきである。

6.3 Cloud Native に向けた検討対象は高度化する

先の OpenStack のユーザー調査では、他クラウドとの相互活用についても質問している。それに対しては 82 %が「相互活用している」と答えている。パブリッククラウドかプライベートクラウドかという二者択一ではなく、プライベートクラウドとパブリッククラウドを、使い方やアプリケーションの特性によって使い分けるハイブリッドクラウドに向かっていることが分かる。

これからの利用企業は、パブリッククラウドの進化と競争激化、プライベートクラウドの構築、プライベートクラウドのベースになる OpenStack、さらには仮想プライベートクラウドやフォグコンピューティングの動向などを適切に見極めながら、自社のクラウド活用や ICT 戦略、さらには IoT 活用の戦略を検討しなければいけない。

第7章
IoTが求めるフォグコンピューティングの実際

　IoT（Internet of Things:モノのインターネット）の業務への応用について考えるなかで、ネットワークのエッジでデータを処理する必要性が生じ、それに応えようと「フォグコンピューティング」と呼ばれるコンピューティングパラダイムが生まれたことを第6章で述べた。第7章では、これを強く推進する米 Cisco Systems の発表内容などを基に、ネットワークの進化やフォグコンピューティングの可能性について考えてみたい。

　「フォグ（霧）コンピューティング」を強く推進しているのが米 Cisco Systems である。同社の予測では、2018年までに IoT（Internet of Things:モノのインターネット）によって生成されるデータの40%がフォグコンピューティングによって処理されるという。

7.1　ビジョンに続き実現に向けた製品／技術を着々と投入

　Cisco は、フォグコンピューティングに関するビジョンだけでなく、2014年2月にプラットフォームとしての「Cisco IOx」を、2015年6月にはフォグコンピューティングを応用した新セキュリティ戦略「Security Everywhere」を、さらに同年6月29日には「Cisco IoT システム」を、それぞれ発表している。

　Cisco IOx は、ネットワーク機器をフォグコンピューティングのプラットフォームとしての展開するための基盤ソフトウェアである。ルーターやス

イッチなどのネットワーク機器に搭載しているネットワークOS「Cisco IOS（Internet Operating System）」と、Linux OSを統合することで、ネットワーク機器本来の機能に加えて、処理ノードとしての機能を加える。

ルーターは元々、サーバーが持っていたルーティング機能を専用機器として独立させたもの。しかし、IoTにおける処理の最適化や処理品質の要求から、ネットワーク機器側にサーバーのデータ処理機能をも持たせることで、フォグとクラウド間での処理の最適化を目指す。

IOxは、オープンな開発環境を提供し、「BYOA（Bring Your Own Application）」「BYOI（Bring Your Own Connectivity Interface）」を可能にする。フォグへ移行させるデータ処理の候補としては、ネットワークとの関係の深い機能が第一に想定される。その第1弾としてCiscoが採るのが「Security Everywhere」戦略である。

Security Everywhereでは、アプライアンスサーバーが実現していたセキュリティ機能のフォグ化を図る。IPS（Intrusion Prevention System：不正侵入防御システム）といった機能を、ネットワーク機器に取り込むことによって、より広範囲に処理を分散し、遠隔拠点にあるIoT機器を安全に運用できるようにする。

さらに「Network as a Sensor」構想では、ネットワーク上を流れる情報を使いネットワーク機器自体をセンサー化する可能性を示している。通常、ネットワークを流れるパケットに含まれる宛先や発信元、用途などは通信ログとしてサーバーに集約される。これらのログを発生元であるネットワーク機器で分析し、その結果をアクションにつなげれば、ネットワーク機器にセンサーとしての価値が生まれる。

7.2　分散処理やアプリケーション基盤の全体像を示すCisco IoTシステム

第5章で述べたように、IoTの価値は、デバイスやセンサーなどによって収集されるデータを分析などによってアクションにつなげることでもたらされる。この仕組みを機能させるためには、膨大に増えるデバイスのコネクション

やデータ、それを処理するアプリケーションの管理が不可欠になる。

　また、何が起きているかを迅速に発見し、それに対するアクションを即、実行する必要性も出てくる。アプリケーション開発やIoTビジネスモデルの実現を容易にする仕組みも必要だ。当然、実行環境としてシステム全体のセキュリティも保障できなければならない。

　こうした観点から見れば、Ciscoの従来の発表は、プラットフォームとなるソフトウェアや、機能としてのセキュリティの発表であり、分散コンピューティングやアプリケーションプラットフォームの実装は見えてこなかった。その全体像となるのが「Cisco IoT システム」である。同時に、関連する15の新製品も発表している。

　Cisco IoT システムは、IoTにまつわる上記課題の解決を目指している。課題の複雑さを解消するために、6つのテクノロジー要素をピラー（Pillar）とするアーキテクチャーを考えている（図7.1）。

- ネットワーク接続（Network Connectivity）
- フォグコンピューティング（Fog Computing）
- セキュリティ（Security）
- データ分析（Data Analytics）
- 管理と自動化（Management and Automation）
- アプリケーション実装プラットフォーム（Application Enablement Platform）

（米Cisco Systemsの発表資料を参考に作成）

図7.1　Cisco IoT システムのアーキテクチャーを示す6つのピラー（テクノロジー要素）

ここからは、これら 6 つのピラーに沿って、それぞれのテクノロジー要素の課題や可能性について考えてみたい。

ピラー 1：ネットワーク接続

　IoT では、IP ネットワークをベースに使うが、膨大な数のエンドポイントに対する接続や、データの集中によるネットワーク負荷への対策を考えなければならない。これまで接続環境がなかったところにも接続ニーズがでてくる。様々な環境に適応できるルーティングやスイッチング、ワイヤレスアクセスのための製品のほか、工場や電車などの移動体向けネットワーク製品への 4 G ／ LTE インタフェースが、Cisco の発表には含まれている。

ピラー 2：フォグコンピューティング

　ネットワークのエッジに分析などのデータ処理機能を持たせ、分散コンピューティングを実現する。クラウドで集中処理するためには、膨大なデータをクラウドへ送信しなければならない。フォグによる分散処理により、このネットワーク負荷を軽減するとともに、分析やそれに基づいた応答速度を高められる。

　このプラットフォームを実現するのが IOx だ。すでに 25 以上の Cisco 製ネットワーク製品が対応しているという。エッジでのデータ処理の必要性および有効性によってフォグコンピューティングの実装が決まり、クラウドとの処理の分散が、全体最適化に向けて広がっていく。

ピラー 3：セキュリティ

　Cisco は、物理セキュリティとサイバーセキュリティを同時に扱い、物理資産とデジタル資産の両方を守るシステムの構築を目指している。「Cisco TrustSec」と呼ばれるソリューションでは、コンテキストを認識したアクセスコントロールの判断が可能だと発表している。

　具体的には「セキュリティグループ」という考えを採り入れる。ユーザーとアセットを 1 つのグループに割り当て、グループごとのポリシーに沿って保護することで、アクセス管理の簡素化や、セキュリティオペレーションの迅速化、一貫性のあるポリシー適用を可能にする。

TrustSec ソリューションとクラウド／サイバーセキュリティ製品を組み合わせることにより、セキュリティ問題の監視から発見、対処をサイバーにとどまらず、OT（Operational Technology）攻撃に対しても可能にしていくという。OT 攻撃に対しては、アプリケーションの組み込みが可能な高品質カメラを 2 機種発表している。搭載する音声検知やセンサー集約、音声トリガーの機能により、カメラを映像と音のセンサーとして使うことで物理セキュリティ対策を強化する。

　物理セキュリティとサイバーセキュリティを統合するという考えはユニークだ。運用やエスカレーションを含めた統合が図れれば、ネットワークの統合だけでなく、より複雑なセキュリティ問題への対処が可能になるなどのメリットが得られる。

　上記の高品質カメラのように、より高度な顔認識や動作検知など、いわゆるビデオインテリジェンスの機能をエッジに実現すれば、セキュリティの面だけでなくマーケティングの観点からも役立つシステムを構築できる。検知・認識・対応をエッジで処理すると同時に、オリジナルのビデオデータはクラウドに蓄積しビッグデータ解析すれば、さらなる価値につながるような使い方も可能になる。

ピラー 4：データ分析

　エッジで収集したりエッジを流れたりするデータを分析してトリガーになる事象を見つけ出す、あるいは、しきい値を設けてトリガーとすることが考えられる。データの種類と分析内容によって様々なアプリケーションの可能性が出てくる。

　Cisco は「フォグデータサービス」によって、IoT 環境からのデータを基にした対応アクションをポリシーとして作成できるようにする。これによりデータをトリガーとするアプリケーションの開発が可能になる。オープンプラットフォームとしてのアプリケーション環境を提供することをうたっている。

ピラー 5：管理と自動化

　分散処理は一般に、集中処理に比べて管理や運用が複雑になる。フォグコンピューティングで分散処理を実行するためには、この複雑さを自動化や制

御・サポートの簡易化によって解決する必要がある。ここに Cisco は、「IoT フィールドネットワークディレクター」を用意する。

IoT フィールドネットワークディレクターは、エンドポイントの追加やネットワークインフラの管理と変更、およびエッジで動く複数のアプリケーションの集中管理を担う。これにより、アプリケーションの設定とライフサイクルの管理の統合が可能になる。

ピラー6：アプリケーション実装プラットフォーム

IoT の成果が、デバイスやそこから収集されるデータ、それに対する分析、その結果を判断したアクションにつなげることである限り、その成果を目指した IoT のデバイスや、それに関わるアプリケーションが増えていく。これらを容易に、かつ迅速にする必要がある。ここでの Cisco は、API をパートナー企業や 3rd パーティーに提供し、それぞれが Cisco IoT システム上で動くアプリケーションの設計・開発を支援する。

7.3　フォグとクラウドの使い分けが進む

フォグ（またはエッジ）コンピューティングとクラウドコンピューティングの処理は、図 7.2 のようなメリットとデメリットを持っている。

データ量が膨大になると、処理自体はクラウドのスケーラビリティによって解決できるが、クラウドへのデータを送信はネットワークの帯域を圧迫し、遅延に繋がることも起きる。迅速な応答が必要とされる場合は、エッジでの処理が避けられない。分散によって処理をシンプルにできるケースもある。

今後は、これらの特性を生かした使い分けが進んでいくであろう。これからの企業情報システムを考える際にも、このような進化に向けての全体アーキテクチャーや共通の基盤、共通のマネジメント機能の検討が不可欠になる。

比較項目	優劣
容量	フォグ ＜ クラウド
迅速性	フォグ ＞ クラウド
管理の容易性	フォグ ＜ クラウド
ネットワークの負荷軽減	フォグ ＞ クラウド

図 7.2　フォグとクラウドのメリットとデメリット

第8章
IoTでさらに広がるサイバーセキュリティの脅威

　IoT（Internet of Things：モノのインターネット）でビジネスを開始する際はセキュリティを考慮しなければならない。サイバーセキュリティの脅威は、これまでになく拡大している。ソニー・ピクチャーズエンタテインメント（SPE）へのサーバー攻撃や、ベネッセからの個人情報漏洩に対する集団代表訴訟など、セキュリティの重要性を再認識させられる事件が後を絶たない。第8章は、セキュリティの脅威がどう変化し、その実態はどうなっているかを取り上げてみたい。

　セキュリティ問題が、企業の経営に大きな影響を与えることは論を待たない。ベネッセの例でも、企業の評判や業績に影響が出ただけでなく、集団代表訴訟によって、さらなる影響が懸念されている。

　2013年暮れ、米国の総合スーパーTargetで起きた情報漏洩事件では、事後対策のために多額の費用が発生し、CEOの辞任にまで発展した。Targetのケースでは、2013年11月27日から12月15日までの間に、店舗で使用されたクレジットカードやデビットカードの4000万件の情報と、約7000万人分の顧客の氏名や住所、電話番号、メールアドレスが流失したといわれ、業績や会社の評判に重大な影響を与えた。

一方、政治や安全保障の面からもサイバーセキュリティ対策の重要性が増している。従来、情報セキュリティの問題分野は次の3領域だった。

1. 通信・情報サービス：ウィルス、ハッキングによるサイバー犯罪、インターネットを使った詐欺・犯罪行為
2. インターネット利用ルール：インターネットモラルやエチケット
3. 組織のセキュリティマネジメント：内部統制やセキュリティマネジメントシステム

　これらに加えて、ソニー・ピクチャーズへの攻撃では、国家レベルの関与の可能性が疑われていたり、ハッカー集団のアノニマスがISIS（Islamic State of Iraq and Syria）へのサイバー攻撃を宣言したりするなど、国家・政治がらみのサイバー攻撃も大きな課題になってきている。国際政治や安全保障も、サイバーセキュリティの問題分野として認識され始めた。

　日本でも2014年10月、サイバーセキュリティ基本法が成立。サイバーセキュリティ戦略本部が国家としてのセキュリティ戦略を策定することを決めた。同基本法は、民間のIT関連事業者に対しても、「セキュリティの確保と、国や自治体のセキュリティ関連施策に協力する」という努力義務が盛り込まれた。

8.1　セキュリティの脅威は拡大し、悪質化している

　情報処理推進機構（IPA）は、『2014年版 情報セキュリティ10大脅威』を発表している（図8.1）。これらに関する攻撃の実態がどうなっているのかを、米Symantecが発表した『2014年度インターネットセキュリティ脅威レポート』のデータから読み解いてみたい。

```
脅威1 : 標準型メールを用いた組織へのスパイ・諜報活動
脅威2 : 不正ログイン・不正使用
脅威3 : Webサイトの改ざん
脅威4 : Webサービスからのユーザー情報の漏えい
脅威5 : オンラインバンキングからの不正送金
脅威6 : 悪意あるスマートフォンアプリ
脅威7 : SNSへの軽率な情報公開
脅威8 : 紛失や設定不備による情報漏えい
脅威9 : ウィルスを使った詐欺・恐喝
脅威10 : サービス妨害
```

図8.1　情報処理推進機構（IPA）が示す『2014年版 情報セキュリティ10大脅威』

脅威1：標的型攻撃
　前年比で91％増加している。狙いを定めて攻撃している例のほか、長期的な仕掛けによって攻撃している例も増えている。

脅威2と5：不正ログイン・不正使用
　不正ログインや不正使用によるデータ侵害が前年比で62％増加した。情報漏洩やウィルスを使った攻撃によって、ID／パスワードが流失している。

脅威3：Webサイト
　Webベースの攻撃は前年比23％増加し、全世界のWebサイトのうち8分

の 1 は重大な脆弱性を持っているとされている。その Web サイト自体が脆弱性を狙った攻撃対象になると同時に、他の攻撃への踏み台にされることがある。

脅威 4 と 8：情報漏洩

　2013 年には、5 億 5200 万の ID がデータ侵害で漏洩した。漏洩した ID ／パスワードを使った犯罪や、流出した情報が広がることによって被害が増えていく。2015 年 2 月にも、米国第 2 位の医療保険会社である米 Anthem が、顧客と従業員約 8000 万人分の情報を含むデータベースに不正侵入され情報が漏洩したと発表している。

脅威 5：オンラインバンキング等

　392 通に 1 通の割合で、メールにフィッシング攻撃が含まれていた。フィッシングによる偽 Web サイトを使った ID ／パスワードの不正入手と、それを使った犯罪が実行される。

脅威 6：スマートフォン

　モバイルユーザーの 38 ％が、過去 12 カ月にサイバー犯罪を経験している。犯罪対象はスマートフォンへと広がっている。

脅威 10：サービス妨害

　世界全体でのスパムメールの割合は平均 66 ％。前年比で 3 ％減少しているが、ネットワークや機器の動作を妨害する DDoS 攻撃は増えている。このほか、23 件のゼロデイ脆弱性が見つけ出されたという。ゼロデイ脆弱性を利用した攻撃への対処もセキュリティ対策として検討しなければならない。

　以上のように、セキュリティ攻撃は増え、悪質さも増している。企業経営の観点からも対策の優先順位が高まっている。

8.2 ログイン方法を変えるためのアライアンスも登場

　これらの攻撃に対し、ID／パスワードの漏洩や、それを使った不正ログイン／不正使用を低減するための動きも出てきた。ログインの方法を大きく変えようとしている「FIDO (Fast IDentity Online) アライアンス」が、その1例だ。指紋や顔、音声といった生体認証技術とデバイス認証技術を使い、オープンで相互運用性のあるオンライン認証を目指している。

　FIDOは2012年に、米Paypal、米Validity Sensors、Lenovoなど6企業が立ち上げた。現在は、米Microsoft、米Google、米RSAのほか、主要カード会社や金融機関、デバイスメーカーなどが加わり、参加企業は120社を越えている。

　FIDOが提案する方式では、「UAF (Universal Authentication Framework) タイプ」と呼ぶデバイスに生体認証情報を登録しておき、そのデバイスを利用したいオンラインサービスに登録する。ログイン時は、そのデバイスを認証するだけなので、ID／パスワードの漏洩による不正ログインや不正使用を防止できる。

　デバイスに個人を認証するための仕組みを搭載することで、利用者は多くのサービスごとにID／パスワードを管理する必要がなくなり、安易なパスワードをつけたり、ずさんな管理になったりする危険性からも解放される。

8.3 サーバーとPCだけがサイバー攻撃の対象ではない

　上述したTargetの事件は、いくつかの教訓に加え、これからのセキュリティ脅威に関する懸念をも示している。
　複数の報道は次のように伝えている。

1. Targetは、セキュリティツールの導入やクレジットカード業界のセキュリティ基準である「PCI DSS (Payment Card Industry Data Security Standards)」の認定を取得するなど、種々の対策を講じていたが、運用

の不備から早期に発見できなかった
2. POS（Point of Sales：販売時点情報管理）端末に対するマルウェアが原因で情報漏洩が起きた

（1）の教訓は、セキュリティは、対策を講じて終わりではなく、常にPDCA（Plan-Do-Check-Action）のサイクルを回し続けなければならないということだ。国際標準のISO27001では、ポリシーや標準、それを運用する組織、問題に対処する仕組みといった「セキュリティ管理システム」を作り上げることがセキュリティ対策だと規定している。

つまり、セキュリティの脅威やリスクを分析し、対策やリスクとして許容することを決め、対策の実施、監査や継続的な見直し・改善、さらに社員への教育の実践が必要になる。運用および社員への教育や徹底を図ることが疎かになると、数々の対策も意味ないものになってしまう。

（2）の教訓は、攻撃対象はサーバーやPCに留まらないということだ。POS端末など業務用システムも現在は、PCと同じように汎用OS上でアプリケーションプログラムを動かす仕組みになっていることが多い。ネットワーク経由やUSBを介してマルウェアが侵入する可能性がある。POSがネットワークに接続されると、ウィルスやマルウェアが送り込まれ、データを盗み出す送出経路ができてしまう。

POSマルウェアは、POSのソフトウェアやハードウェアの脆弱性を利用して動くスクリプトやプログラムだ。ログイン情報や権限を取得したり、ポートを解放して情報送出経路を作り出したりする。サイバー犯罪を実行したい人やグループに対し、こうしたマルウェアを開発し提供するグループが存在する。マルウェアを自分で開発しなくても、マルウェアを使った攻撃が可能である。

トレンドマイクロの報告によると、2014年からPOS端末でのマルウェア検出数が増加している。2014年第1四半期だけでも、前年の7倍になっているという。TargetのケースはPOSマルウェア「BlackPOS」を利用したものだった。その進化版「BlackPOS ver2.0」が、米大手ホームセンターHome Depotにおける大規模な情報漏洩事件の攻撃に使われている。

8.4　IoT 時代になり脅威はさらに広がっていく

　POS 端末を対象に起こっていることは今後、IoT（Internet of Things：モノのインターネット）が進展するにつれ、様々なところに脅威が生まれる可能性を示唆している。IoT では、情報の流出に留まらず、接続された機器がコントロールされ誤動作や動作妨害が起きれば、人命に直結する危険も発生する。

　既に自動車の世界では、新たな脅威について様々な議論や試みが始まっている。インターネット接続や自動運転といった技術が開発されるなかで、それらに対するハッキングの方法が、防御や脆弱性の警告といった意味からも、様々に検討されている。

　自動車のネットワークに接続することでハッキングが可能な iPhone サイズのデバイスが試作されたり、実際のハッキングがデモされたりしている。米 Twitter のセキュリティ研究者であるチャーリー・ミラー氏と、米 IOActive のクリス・バラセク氏は、自動車を乗っ取るデモを実行したと雑誌上で発表している。

　車に搭載されているソフトウェアをリバースエンジニアリングし、脆弱性を利用してコマンドを送り、警笛を鳴らしたり、急ブレーキをかけたり、GPS を誤動作させたり、スピードメーターや走行距離計の数値を書き換えたりができたという。

　IoT により様々な機器がネットワークにつながることで、搭載されているソフトウェアの脆弱性を狙ったマルウェアが開発され、それを使った犯罪や脅迫につながる恐れがある。こうした脅威を削減するためには、IoT の機器やサービスの提供企業は、セキュリティの脅威への対策検討が不可欠であり、機器に対する脆弱性のチェックや、脆弱性が発見された際の対処の検討も必要になる。

　クラウドやインターネット、IoT の広がりによって、セキュリティ対策の範囲はますます広がっていく。これらの分野を含んだ新たなセキュリティ管理システムを構築し、様々な製品／サービスに適用していく必要がある。そして、これらを継続的にアップデートするとともに、運用と教育を徹底していかねばならない。

第9章
IoTが可能にするビッグデータによるビジネス創生

　IoT（Internet of Things:モノのインターネット）によってデータを収集し、そのデータを解析することで新規ビジネスを立ち上げたり、既存ビジネスを変革したりするビックデータの成功事例も増えてきている。第9章は、IoTによって実現されるビッグデータに基づくイノベーションの動向を見てみたい。

　先頃、米FirstCompanyが『The World Top 10 Most Innovative Companies of 2015 in Big Data』を発表した。ビッグデータ分野における先進企業10社というわけである。ここに挙がっている10社を題材に、ビッグデータを応用した新規ビジネスあるいは既存ビジネスの変革について考えてみよう。
　選ばれた10社を分類すると、大きく次の3つになる（図9.1）。(1) ビッグデータをビジネスに応用して成功を収めている企業＝6社、(2) ビッグデータを使うためのツールやノウハウ、サービスを提供している企業＝3社、(3) ビッグデータ分野のノウハウを使って投資を進めている企業＝1社である。

9.1　ビッグデータでビジネスは変わる

例1）米catapult＝ウェアラブルデバイスでスポーツ選手を怪我から守る

　米catapultはGPS（Global Positioning System：全地球測位システム）による追跡機能を開発し、スポーツ選手を対象に様々なウェアラブルデバイスお

成長分野	企業名
ビジネスへの応用	catapult、Mark43、NEXT BIG SOUND、Netflix、Poshly、SumALL
ツールやノウハウ、サービスの提供	AYASDI、IBM、splunk
ノウハウを使った投資	FROST DATA CAPITAL

図 9.1　ビッグデータ分野の先進企業 10 社（米 FirstCompany の『The World Top 10 Most Innovative Companies of 2015 in Big Data』から作成）

よびデータ活用システムを提供しており、売上高は前年度比 64 %増で成長している。

　すでにプロアメリカンフットボールの NFL（National Football League）チームの半分、プロバスケットボールの NBA（National Basketball Association）チームの 3 分の 1、30 の大学のプログラムで活用されている。2014 年シーズンの NFL と NBA、および NCAA（National Collegiate Athletic Association：全米大学体育協会）のフットボールにおけるチャンピオンはすべて catapult のシステムを使っていたという。

　catapult のシステムでは、選手の力や動作に関する情報をセンサーで集めることで、怪我につながる小さな兆候やオーバーワークを発見し、怪我や故障を未然に防ぐことを支援する。これらのデータはさらに、効果が最適なトレーニングモデルを見つけたり、怪我や故障から完治するまでのリハビリテーションに役立てたりもできる。

　スポーツ分野でのビッグデータを活用したイノベーションには、大リーグで Bill James 氏が考え出した「SABRmetrics」がある。野球の構造をデータから突き詰める研究で、勝利構造のモデル化や、そのモデルに基づく勝利への貢献をデータ化し、それらを選手の評価や将来予測に使っている。

　同モデルの研究は、スコアラーが以前から記録していたデータから始まった。その後、構造モデルをさらに発展させ精度を上げるための手段として、高解像度の固定カメラや、レーザーレーダーによるデータ収集へと発展してきている。実データに基づき選手を起用することで、ハイコストパフォーマンスなチームを作り上げると同時に、選手を故障から防ぐことで、チームにとっても

選手にとっても高い効果を上げられる。故障を防ぐことも勝利へ貢献するからだ。

ビッグデータ活用の当初の目的として、catapult が選手の怪我や故障を防ぐこと、SABRmertics が選手の評価につなげコストパフォーマンスの高いチームを作ることにしている点は注目すべきである。チームの勝利を目的にしたのでは、分析結果の効果を測るのが難しく、その金銭価値も測りにくい。目的を明確にすることで、集めるデータの重要さを判断できると同時に、仕組みを構築する際のビジネス判断が容易になる。

例 2）米 NEXT BIG SOUND（NBS）＝音楽業界の動向に関する洞察をビジネスに

米 NEXT BIG SOUND（NBS）は、ソーシャルメディアへの書き込みなどを分析することで、どの音楽や、どんなバンドがブレークしようとしているかを予測するというビジネスで成功している。同社が開発した「成功の可能性」を予測するアルゴリズムは特許としても成立している。ビジネスの対象は、音楽業界だけでなく、大企業のマーケティングへの応用にも拡張。同アルゴリズムを本の世界に応用する「Big Book」も開始している。

NBS のビジネスにおける仮説は、ストリーミングが音楽を楽しむための第 1 の方法になっていること、そのストリーミングの視聴や、それに関するインターネット上でのつぶやきなどの情報によって次の動きが予測できるというもの。実際には、音楽業界の分析、Facebook や Twitter といった様々な SNS（Social Networking Service）での露出、Wikipedia でのページビュー、YouTube 等のストリーミングメディアでの再生回数などのクラウドに蓄積し、分析している。

例 3）米 SumAll ＝ソーシャルメディアの分析結果をダッシュボードで提供

SumAll は、企業が発信するニュースやストリーミング、ソーシャルメディアが、購買やビジネスボリュームにどんなインパクトを与えているのかを分析するサービスを提供する。これまでに 35 万社が利用しているという。

例4）米 Mark43 ＝警察の警備をビッグデータで強化

　米 Mark43 は、よりスマートで、より効率的な警備を実現するために、クラウドベースの記録管理と解析システムを提供している。同社のアプリケーションでは、逮捕情報や事件報告といった情報のより簡単で迅速に入力できるようにすると共に、その情報をソーシャルメディア上の顔写真や電話記録などの情報と結び付けることで、犯人発見に役立てる。

　米国では年間、約 18 万件の重犯罪がある。種々の情報を有効活用することが、より効率的な警備につながると期待されている。すでにロサンゼルス警察が使用中であり、他の主要な首都にも公式に配備されるという。

例5）米 Netflix ＝定額制のコンテンツ配信

　Netflix 社は、映画やドラマなどのコンテンツを低料金で好きな時間に見放題というサービスを提供している。全世界 50 カ国以上、6500 万人のユーザーを獲得している。日本でも、2015 年 9 月 2 日から月額 650 円からでサービスを開始し話題になっている。

　ビデオ配信サービスでは、コンテンツが最も重要であり、コンテンツの品揃え、すなわちコンテンツの購入や制作時の選択が成功のキーになる。そのため Netflix では、全世界のユーザーの意見や視聴情報を蓄積し、どのようなコンテンツが好まれ視聴されるかを分析し、その結果に基づきコンテンツを揃えている。国別でも分析しており、それぞれにローカライズしているという。

例6）米 Pohsly ＝"美"をテーマにした情報／製品の流通プラットフォーム

　米 Pohsly は、口紅や香水、ヘッドフォンなど"美"に関する情報や製品販売のプラットフォームを提供している。登録ユーザーの 60 ％が月に一度以上はアクセスをするというプラットフォームの特性を活かし、アクセスデータの分析結果を自社で活用するだけでなく、化粧品会社などにも販売している。

9.2　コア技術を基に応用分野を次々と開拓

例7）米 Avasdi ＝ビッグデータを幾何学的に可視化

　米 Avasdi は、3 人の数学者が設立したソフトウェア会社で、大量で複雑なデータから有用な情報を抽出するために必要なツールや技術を提供している。「TDA（Topological Data Analysis）」と呼ぶ手法で大量データを幾何学的構造としてイメージ化するのが特徴だ。アメリカ食品医薬品局（FDA）や、アメリカ疾病予防管理センター（TDA）といった顧客を持っている。

　当初は、DARPA（米国国防省）が資金提供していた。その後は軍事関係から離れ、米 Intel などと組んで多様な応用を目指している。例えば、シリアでは小児ポリオ予防接種の影響を分析する社会的貢献の大きいプロジェクトに参加したり、脳損傷を視覚化して診断する全く新しい方法の開発などでスポーツ分野にも貢献したりしている。

例8）米 IBM ＝ Watson や Apache Spark などで業界リーダーを目指す

　ビッグデータと機械学習の分野での業界リーダーシップの獲得を狙うのが米 IBM である。ビッグデータに関しては既に、業界トップの 13 億 7000 万ドルの売り上げを実現しているという（米 Information Management の『World Top 10 Big Data Companies（by Revenue）』調べ）。

　ビッグデータ関連で IBM が重要ビジネスの 1 つに位置付けているのが Cognitive Computing の「Watson」だ。Web 連載（http://it.impressbm.co.jp/articles/-/11875）で触れたように、多くのビジネスに焦点を当てた応用段階に進んでいる。コールセンターや医療分野、さらには料理のレシピ作りなどにも対象を広げている。Watson はプラットフォームとしての検証が終わり、各分野における知識やデータの蓄積フェーズへと入っている。精度向上と分野の拡大に合わせ、一般の人でも簡単に使えるシステムを目指している。

　さらに IBM は、2015 年 6 月に、OSS（Open Source Software）のビッグデータプロジェクトである「Apache Spark」への貢献や、自社の機械学習ツール「IBM SystemML」の OSS 化を発表するなど、OSS 分野でも足場を固めよ

うとしている。

例9）米 Splunk ＝ビッグデータを応用しオペレーションをインテリジェント化

米 Splunk は、SIEM（Security Information and Events Management）を実現するためのソリューションを提供している会社だ。2014年の収入は前年度比48％増だった。

同社のソリューションは、ビッグデータを応用したオペレーション（運用）のインテリジェント化に向けて幅広い分野に適用できる。例えば、米コカコーラでは、自動販売機の販売数を予測し、特別なイベントなどで販売数が跳ね上がるような場合でも売り切れを防止するために使っている。そのほか、薬の輸送中の安全管理へ応用したり、防犯カメラを使って子どもの安全を確認できる仕組みを構築したりといった適用分野の開拓が続いている。

9.3　ビッグデータ特化でノウハウや経験のエコシステムを構築

例10）米 FROST DATA CAPITAL（FDC）＝ビッグデータ特化のベンチャーファンド

米 FROST DATA CAPITAL（FDC）は、ビッグデータ関連のスタートアップをインキュベーションするベンチャーファンドである。ビッグデータ分析に特化し、ノウハウや経験の蓄積とエコシステムを実現することで、1カ月に1社のペースでスタートアップを立ち上げた実績を持つ。

米 GE（General Electric）の変革にも寄与している。具体的には、ビッグデータ分野のスタートアップを対象とした GE のベンチャーキャピタルとインキュベーション機能の構築を支援する。2017年までに30のスタートアップを立ち上げるのが目標だ。

9.4 成功のキーは「何を変えられるか」を考える力

　これらの例のように、ビッグデータは新ビジネスを生み出すだけでなく、既存ビジネスを生まれ変わらせてもいる。ビッグデータ活用を成功させるためには、ビッグデータによって何を変えられるかを考える力がキーになる。

　具体的には、図9.2に示すように、既存や新規のテクノロジーと、市場と競合を想定したビジネスモデルを考え、ビッグデータを活用する目標を明確にする。その目標を実現するための機能と、どのようなデータをどう使えるかの仮説をたて、それらの機能検証とともにビジネスを検証しながら、ビッグデータ活用の仕組みを作り上げなければならない。

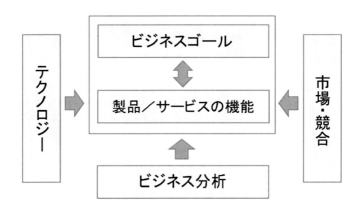

図9.2　ビッグデータビジネスの計画モデル

第10章
成功するIoTのための実践計画

　IoT（Internet of Things:モノのインターネット）への関心が高まり、IoTを実現するための様々なテクノロジーが開発され成功事例も増えてきている。IoTによってビジネスを変革したり新規ビジネスを開発したりするチャンスが到来しており、企業の成長や競争力が実現できる。第10章では、IoTによるサービス化に向けた計画と構築について考えてみたい。

　IoT（Internet of Things:モノのインターネット）の応用分野については、本書では様々な角度から取り上げてきた。第5章で成功モデルを、第3章は大きな応用分野としてのIndustrial Internet（インダストリアル・インターネット）を、第9章ではビッグデータ分野の成功事例について、それぞれ述べた。
　IoTの構築についても、第1章でシステム構築に関する考慮点を、第8章ではIoTを推進するに当たって検討すべきセキュリティについて触れた。さらにIoTのためのインフラであるクラウドとフォグコンピューティング（Fog Computing）について、第6章と第7章で取り上げた。
　これらを前提に、IoTを使ったサービスを実際に開発する際には、図10.1に示す計画と、構築、運用のステップが必要になる。

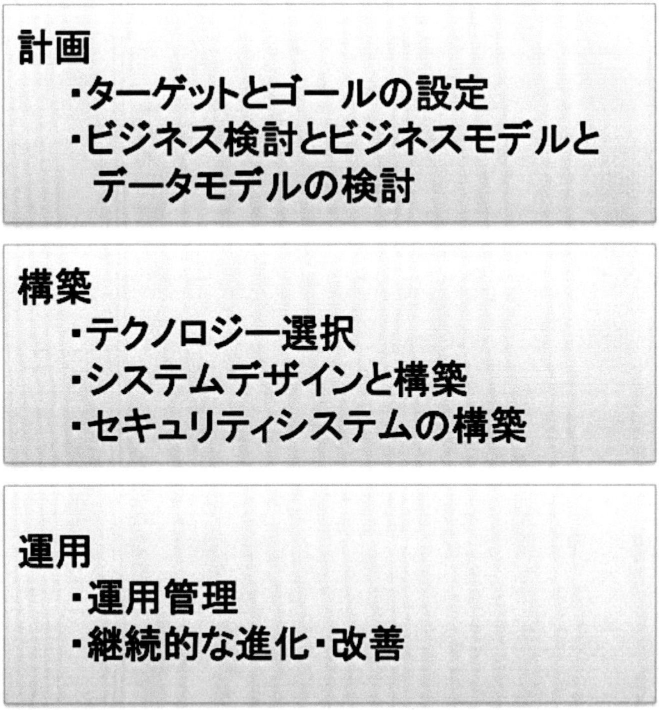

計画
- ターゲットとゴールの設定
- ビジネス検討とビジネスモデルとデータモデルの検討

構築
- テクノロジー選択
- システムデザインと構築
- セキュリティシステムの構築

運用
- 運用管理
- 継続的な進化・改善

図 10.1　IoT を実践するための 3 つのステップ

10.1　ステップ1：計画＝ターゲットとゴールの設定

　これまでにも度々述べてきたように、「IoTシステムで何を実現するか」というターゲットとゴールの設定が最も重要である。企画のアプローチとしては、プロダクトアウトとマーケットインがある。

　プロダクトアウトは、テクノロジーや製品を基にサービスを発想するアプローチ。逆にマーケットインは、先読みした顧客要求や市場動向に基づきサービスを発想するアプローチだ。いずれのアプローチを採っても、そのサービスは顧客や市場に対して具体的な価値を提供し、それを適正なコストで実現できなければならない。

プロダクトアウトのアプローチ

　プロダクトアウトでの議論は、デバイスやセンサー、データ解析、クラウドやネットワークから始まる。だが、これらは差異化要因にはなっても、それらを組み合わせたサービスの価値が、エンドユーザーに適正な価格で提供できなければビジネスとして成功しない。IoTやセンサーの機能を使って優れたシステムを作り、データを収集することがターゲットではないからだ。エンドユーザーに至るバリューチェーンを考え、最終価値が何になるのか、その価値が受け入れられるのかを検討する必要がある。

　このアプローチは、筆者が関係していたネットワーク機器のビジネスでも同様であった。ネットワーク機器の高速化といった性能向上がなされ、ネットワーク品質を高める新しい機能やプロトコルが開発されても、そうした仕組みの上で、ある使い方が広がり、その使い方自身の価値が高まらない限り、そのネットワークは使われず、結果としてネットワーク機器のビジネスも広がらない。

　インターネットの発展経緯をみても、ネットワーク機器の性能向上や新しいプロトコル／キューイング方法が開発され、キャリアやISP（Internet Service Provider）がそれらの機器を使ったサービスを提供することで、ストリーミングビデオやIP（Internet Protocol）電話が使えるようになり、エンドユーザーへの価値につながっていった。こうした結果として、IPネットワークが共通

インフラとして広く使われるようになったのだ。

　テクノロジーを製品の価値から、さらにサービスを提供するプロバイダーの価値へと転換していくことで、ビデオやIP電話というエンドユーザーの価値にまでつなげなければならない。IoT関連のセンサーやデバイス、それらをつなげるための通信技術から、どんな使い方が可能になり、その使い方からどのような価値が生まれ、それをどのような形でビジネスとして展開していくのか。そしてエンドユーザーに適正な価格で価値を提供できるかどうかがビジネスとしての成功の鍵を握っている。

マーケットインのアプローチ

　マーケットインでは、顧客や市場の要求を先読みし、そこからサービスを創造する。今、目に見えている要求の先を読み、そこでの課題を深読みした検討が必要になる。そのためにはターゲットにする分野の動向を把握しておかねばならない。機能に関しても、現在の機能と今後の発展、さらに機能に影響を及ぼす変化についても検討する必要がある。

　先読みの方法はいくつかある。1つは、過去からの類推だ。過去からの進化が何によって起きているのか、その本質を捕まえたうえで、それが今後どう発展するかを類推する。インターネットの進化においても、「人と情報が直接つながる」「中間業者が不必要になる」という基本的なモデルが、業種を越えて広がり、様々な変革につながっている。

　もう1つの方法が他業界からの類推だ。第5章でIoTの、第9章でビッグデータの成功事例を紹介した。これらの成功事例を理解し、その価値や、基本的な考え方、システムや仕組みを学習し、それらをヒントにする。そうすることで、テクノロジーそのものだけでなく、テクノロジーの使い方やビジネスモデルを学習できる。その知識を元に応用を考えるわけだ。

　これらの方法で先読みした価値に基づいたサービスを作り出した場合、顧客はその価値について、まだ気づいていないことがある。その場合は、必要性をアピールし普及させる活動も重要になる。

　普及させるための仕掛けにおいては、業界団体の活用や先進ユーザーの早期巻き込みも必要である。先進的であればあるほど、このステップが重要になる。これが成功すれば、先行者利益としてビジネスのリターンも大きくなる。

これは、米Googleや米AppleといったIT先進企業が採っているアプローチである。

マーケットインの実践例が、第5章で取り上げた成功事例を分類する中で「プロセス改革・改善型」として紹介した取り組みだ。資産の有効活用や、生産性の向上、コスト削減、業務の迅速化などをどうとらえ、どう実現するかは、成功を狙えるターゲット候補である。タクシー配車サービスを立ち上げた米Uber Technologiesの事例は、全く新しい分野を考えなくても、改革の余地があることを示す好例だ。

Uberは、既存のタクシーモデルを「自分の車を使ってお金を稼ぎたい人と、車で移動したい人をマッチングしてくれるサービス」と定義し直した。それを最新のSNS（Social Networking Service）やIoTのテクノロジーを使って実現することで、エンドユーザーに"迅速、安価、高い満足度"といった価値を生み出している。Uberは、このモデルを実現するだけでなく、このモデルをベースにした他サービスへの拡張や、蓄積したドライバーや移動ルート、顧客情報といったデータを活用した新サービスへの期待から、400億ドル以上の資金を集めている。

ビジネスモデルと同時にデータモデルの検討が不可欠

アプローチ手法にかかわらず、Uberの事例から学ぶべきは、ビジネスモデルとデータモデルの重要性である。ターゲットやゴールの設定とともに、ビジネスモデルと、そこで使うデータについて検討しなければならない。

データモデルについては、サービス開始時のモデルとその管理方法だけでなく、拡張や発展、可能性ある他の使い方も検討する必要がある。データモデル化や、製品／サービスをどう提供していくのかまでを含めたビジネスモデルの構築が、ビッグデータ時代にはますます重要になっていくであろう。

ゴールを考える上では、その価値が明確に測定できることも重要になる。第9章で触れたスポーツの例のように、仮に「勝つこと」をターゲットにした場合、その要素は、システム以外にも多数あり、システムの優秀さが直接勝率とは結びつかない。怪我によって休むことを防いだり、選手を適切に評価しコストパフォーマンスが高いチームを形成したり、といったターゲットのほうが明確に効果に繋がるし、結果も測定しやすい。

サービスを競合と、どう差異化を図るのかの検討も重要になってくる。市場動向や、競合、特許の動きをモニターし、自らもビジネスモデル特許を出すことも検討する必要がある。

10.2　ステップ2：システム構築

　システム構築に当たっては、計画に基づき、データの処理量やデータの容量、必要とする応答時間を満たすシステムをデザインしなければならない。IoTシステムを構築するには、クラウド、解析ソフト、データベース、ネットワーク、通信プロトコル、デバイスといった構成要素が必要になる。
　これらを組み合わせて、都度システム構築をしていくのでは、コストもかかるし、開発や検証のためにスピードが遅くなる。差異化すべきところ以外は、標準化の方針を決め、できるだけ標準的な要素技術や、それらに関するサービスを使うことが重要だ。

10.3　ステップ3：運用

　実際にサービスが開始されると運用がスタートする。この運用にワークロードやコストがかかったり、変更に手間がかかったりしてはビジネスとして難しいし、競争力もなくなる。
　例えばデバイスの開発だけをみても、ソフトウェア保守の仕組みや、プロトコルなどの標準化が必要になる。ネットワークに関しても、データ容量や応答の迅速性、アップデートの頻度などネットワーク品質のパターン化を図り、それに使用場所を組み合わせたパターンに基づいた標準化を進めなければならない。
　継続的なテクノロジーの進化に対応するためには、構成要素を提供する会社とのアライアンスを実現することも1つの解決案になる。ただし、組み合わせによってシステム構築することで、全体および、それぞれの構成要素のつながり部分には、セキュリティの脅威が発生しやすくなる。

図 10.2 に米 CSA（Cloud Security Alliance）の活動の 1 つとして、IoT WG（Working Group）が出している「IoT(もしくは M2M)でクラウドから提供される各種サービスへの脅威」を示す。情報漏洩やサービス停止にとどまらず、妨害や乗っ取りなど、より大きな被害に繋がる脅威が考えられている。

- サービスの妨害、停止
- 誤った情報の大規模な流布
- 不正なデータによる機器の妨害や乗っ取り
- 収集されたデータの漏洩や悪用
- アプリケーションやスクリプトの改竄
- デバイスに配布するソフトウェア（ファームウェア）の改竄
- 認証されていないデバイスや乗っ取られたデバイスからのサービス妨害
- 他サービスとのデータ交換インタフェースの不正使用

（米CSAの『IoTのセキュリティ脅威』より作成）

図 10.2　IoT におけるセキュリティ脅威

　IoT の広がりによって、色々なものが大きく変わっていく可能性がある。このような環境の中、自社のターゲットやゴールを明確にしながら IoT ビジネスを検討することは、自社の変革や自社の成長のためのドライバーを作り上げていく上で重要だ。今後は、IoT を使わないことが競争力を失うことにつながりかねないことを認識しておくべきである。

著者プロフィール
大和 敏彦（やまと・としひこ）

慶應義塾大学工学部管理工学科卒後、日本NCRではメインフレームのオペレーティングシステム開発を、日本IBMではPCとノートPC「Thinkpad」の開発および戦略コンサルタントをそれぞれ担当。シスコシステムズ入社後は、CTOとしてエンジニアリング組織を立ち上げ、日本でのインターネットビデオやIP電話、新幹線等の列車内インターネットの立ち上げを牽引し、日本の代表的な企業とのアライアンスおよび共同開発を推進した。その後、ブロードバンドタワー社長として、データセンタービジネスを、ZTEジャパン副社長としてモバイルビジネスを経験。2013年4月から現職。大手製造業に対し事業戦略や新規事業戦略策定に関するコンサルティングを、ベンチャー企業や外国企業に対してはのビジネス展開支援を提供している。日本ネットワークセキュリティ協会副会長、VoIP推進協議会会長代理、総務省や経済産業省の各種委員会委員、ASPIC常務理事を歴任。

STAFF

編集協力	IT Leaders編集部　http://it.impressbm.co.jp/
本文デザイン	株式会社 Green Cherry
表紙デザイン	高橋結花
副編集長	寺内元朗
編集長	高橋隆志

本書のご感想をぜひお寄せください

http://book.impress.co.jp/books/1115101070

読者登録サービス CLUB impress
アンケート回答者の中から、抽選で商品券(1万円分)や図書カード(1,000円分)などを毎月プレゼント。当選は賞品の発送をもって代えさせていただきます。

- 本書の内容に関するご質問は、書名・ISBN・お名前・電話番号と、該当するページや具体的な質問内容、お使いの動作環境などを明記のうえ、インプレスカスタマーセンターまでメールまたは封書にてお問い合わせください。電話やFAX等でのご質問には対応しておりません。なお、本書の範囲を超える質問に関しましてはお答えできませんのでご了承ください。
- 落丁・乱丁本はお手数ですがインプレスカスタマーセンターまでお送りください。送料弊社負担にてお取り替えさせていただきます。但し、古書店で購入されたものについてはお取り替えできません。

■ 読者の窓口
インプレスカスタマーセンター
〒101-0051 東京都千代田区神田神保町一丁目105番地
TEL 03-6837-5016 ／ FAX 03-6837-5023
info@impress.co.jp

■ 書店／販売店のご注文窓口
株式会社インプレス 受注センター
TEL 048-449-8040
FAX 048-449-8041

CIOのための「IT未来予測」
IoTによってビジネスを変える
[IT Leaders選書]

2016年2月21日 初版発行

著　者　大和敏彦

発行人　土田米一

発行所　株式会社インプレス
　　　　〒101-0051　東京都千代田区神田神保町一丁目105番地
　　　　TEL 03-6837-4635（出版営業統括部）
　　　　ホームページ　http://book.impress.co.jp/

本書は著作権法上の保護を受けています。本書の一部あるいは全部について（ソフトウェア及びプログラムを含む）、株式会社インプレスから文書による許諾を得ずに、いかなる方法においても無断で複写、複製することは禁じられています。

Copyright © 2016 Toshihiko Yamato All rights reserved.

印刷所　京葉流通倉庫株式会社

ISBN978-4-8443-3951-9 C3055
Printed in Japan